LES RÈGNES

VÉGÉTAL

ET MINÉRAL

Paris. — Typ. Cosson et comp., rue du Four-Saint-Germain, 43.

LES RÈGNES

VÉGÉTAL

ET

MINÉRAL

A PARIS,

DANS LES DÉPARTEMENTS ET A L'ÉTRANGER,

CHEZ TOUS LES LIBRAIRES.

1861

LE

RÈGNE VÉGÉTAL

BOTANIQUE

INTRODUCTION.

La Botanique est cette partie de l'histoire naturelle qui a pour objet l'étude des végétaux ; elle nous donne le secret de leur structure, de leurs organes, de leurs rapports, de leurs développements, de leur durée, de leur reproduction ; elle nous initie enfin à leurs habitudes particulières et à leurs propriétés générales.

Des végétaux.

Les végétaux, qu'on appelle aussi *plantes*, sont des êtres organisés qui naissent, gran-

dissent et meurent comme les animaux ;
comme eux ils dorment et se réveillent, souf-
frent et se rétablissent, s'alimentent et se re-
posent, se propagent et se perpétuent.

La vie des végétaux repose sur deux fonctions : la *nutrition* et la *reproduction*, et ces
deux fonctions, plus ou moins compliquées
dans la série végétale, s'accomplissent au
moyen de parties qu'on appelle des *organes*.
Ainsi, les *racines*, les *feuilles*, sont les principaux organes de la nutrition ; les *étamines*
et les *pistils*, ceux de la reproduction.

Mais avant d'étudier la manière dont fonc-
tionnent ces organes, il faut nous occuper des
diverses parties qui concourent à l'accomplis-
sement de ces fonctions.

D'abord, l'élément primitif des végétaux
ou la partie solide des plantes se présente
sous deux formes principales : le *tissu cellulaire* et le *tissu vasculaire*, désignés collec-
tivement sous le nom de *tissus élémentaires*.

Le tissu cellulaire existe dans tous les végétaux sans exception ; il est composé de petites lames transparentes qui, réunies en
mailles accolées entre elles, forment de petites cavités ou cellules allongées les unes
près des autres et plus ou moins resserrées,
ce qui donne à la plante plus ou moins de
consistance.

Le tissu vasculaire, qui n'existe que dans
quelques plantes, telles que les *mousses*, les

lichens, les *champignons*, est formé par des lamelles transparentes qui, se roulant sur elles-mêmes, prennent la forme de tubes, de canaux ou de vaisseaux dont nous parlerons plus tard. Ces derniers servent à distribuer dans le végétal les substances gazeuses ou liquides nécessaires à son entretien.

La partie du tissu cellulaire ou vasculaire qui conserve une consistance molle, et qui peut être enlevée sans détruire la forme du végétal, a reçu le nom de *parenchyme*. Lorsqu'on a enlevé les parties molles, il reste un réseau formé d'un plus ou moins grand nombre de faisceaux, qu'on nomme *fibres végétales*.

Organes des végétaux.

Le parenchyme et les fibres, en se combinant diversement, composent les différents organes des végétaux, qui se divisent en organes *principaux* et en organes *secondaires*.

Les organes principaux sont classés en deux grandes divisions. Les uns, appelés *organes de la nutrition*, sont destinés à entretenir la vie des plantes ; ce sont les *racines*, les *tiges* et les *feuilles*.

Les autres, chargés de les perpétuer, sont appelés naturellement *organes de la reproduction* ; ce sont les *fleurs*, et les *fruits*.

Ces organes ne sont pas toujours absolument nécessaires à la vie des végétaux. Les racines et les fleurs leur sont indispensables pour se reproduire[1] ; mais il est quelques plantes qui n'ont pas de feuilles, d'autres sont dépourvues de tige.

Les organes secondaires, que l'on appelle ordinairement les *parties accessoires* des végétaux, sont : les *épines*, les *aiguillons*, les *poils*, les *cils*, les *duvets*, les *vrilles*, les *glandes*, les *spathes*, les *stipules* et les *bractées*.

[1] Il existe cependant des végétaux, appartenant à l'embranchement des *acotylédones*, qui n'ont pas de fleurs ; nous nous en occuperons plus tard.

LIVRE I.

ORGANES DE LA NUTRITION.

—

CHAPITRE I.

De la racine.

La racine est cette partie du végétal qui sert :

1° A le fixer à la terre ou au corps sur lequel il doit vivre ; 2° à y puiser une partie des matériaux nécessaires à l'accroissement du végétal.

Les racines de quelques plantes ne paraissent remplir que la première de ces fonctions. C'est ce que l'on observe principalement dans les plantes grasses ou succulentes, qui absorbent les substances propres à leur nutrition par les points de leur surface exposés à l'air. Dans ce cas, leurs racines ne servent qu'à les fixer au sol.

On a pu admirer à Paris, il y a quelques années, dans les anciennes serres du Muséum d'histoire naturelle, le magnifique *cierge du Pérou (cactus peruvianus)*. Ce végétal, qui était d'une hauteur extraordinaire, poussait avec une extrême vigueur des rameaux énormes ; et pourtant ses racines étaient renfermées dans une caisse en bois contenant à peine 80 à 100 décimètres cubes d'une terre qui n'était jamais ni renouvelée ni arrosée.

L'usage principal des racines est donc d'absorber dans le sein de la terre l'eau chargée des substances qui doivent servir à l'accroissement du végétal. Mais tous les points de la racine ne concourent pas à cette fonction : cette absorption s'exerce par l'extrémité de leurs fibres, composées de petits filaments plus ou moins nombreux, ayant la forme de tubes très-déliés.

Ces tubes, à l'aide des bouches aspirantes qui les terminent, et que l'on nomme *spongioles* ou *suçoirs*, pompent et sucent en quelque sorte dans la terre les liquides propres à la nutrition de la tige.

Il est facile de se convaincre de ce phénomène.

Si, en effet, on plonge un *radis* ou un

navet [1] dans l'eau par l'extrémité de la radicule qui le termine, il poussera des feuilles et végétera. Si, au contraire, on le dispose de façon que son extrémité inférieure soit hors du liquide, il ne donnera aucun signe de développement.

Les racines de certaines plantes paraissent excréter une matière particulière, différente selon les diverses espèces. Ainsi, lorsqu'on arrache de vieux ormes, on trouve la terre qui environne les racines plus onctueuse et d'une couleur plus foncée : c'est un effet de l'excrétion dont nous parlons. Lorsqu'on fait végéter des *jacinthes*, des *narcisses* ou toute autre plante dans l'eau, on voit la surface des racines se recouvrir d'une sorte d'enduit muqueux qui finit par communiquer au liquide une odeur désagréable et fétide, et qui est une véritable excrétion de la racine.

Composition des racines.

La racine est composée de trois parties

[1] Nous avons soin de ne prendre nos exemples que dans les plantes les plus communes, afin que tout le monde puisse répéter facilement les expériences que nous indiquons.

principales que l'on appelle le *collet*, le *corps* et le *chevelu*.

Le *collet*, que l'on nomme aussi le *nœud vital* ou le *réservoir*, parce qu'il est le siége de toute l'action vitale de la plante, est la partie supérieure, d'où sortent les fibres de la plante pour prendre les directions qui leur conviennent ; c'est le point de départ de la tige qui monte et des *radicelles* qui descendent.

Le *chevelu*, que l'on appelle aussi les *radicelles*, est la partie inférieure, composée de petits filaments plus ou moins nombreux, terminés par les *spongioles*.

Le *corps* est la partie moyenne et ordinairement renflée, quoique variant beaucoup de forme, qui digère les aliments absorbés par les radicelles, et qui envoie au végétal, par le collet, le *chyle* ou résultat de la digestion des aliments.

Durée des racines.

Les végétaux, sous le rapport de la durée de leurs racines, et, par conséquent, de la longueur de leur propre existence, puisque la racine est indispensable à leur alimentation, se divisent en quatre classes :

1° Les *plantes annuelles*. Ce sont celles dont les racines et les tiges prennent tout leur accroissement et périssent dans le cours d'une seule année. Exemples : le *blé*, l'*orge*, le *pied d'alouette*, le *coquelicot*;

2° Les *plantes bisannuelles*, c'est-à-dire, celles dont les tiges et les racines achèvent de prendre tout leur accroissement et périssent dans la seconde année de leur germination. Tels sont la *carotte*, la *betterave*, le *chou*, le *bouillon-blanc*;

3° Les *plantes vivaces herbacées*, dont les racines vivent et se développent pendant plus de deux années, ainsi qu'on le voit dans l'*oseille*, le *jonc*, la *pyrole* et les *asperges*;

4° Enfin les *plantes ligneuses*, qui sont toutes des plantes *vivaces*, mais dont la consistance est toujours solide, et la persistance de plus longue durée : ce sont les arbres, les arbrisseaux et les arbustes, tels que le *chêne*, le *pommier*, le *lilas*, le *rosier*, etc.

Il y a, du reste, une très-grande variation dans la durée de la vie des plantes : il en est d'éphémères, que la rosée du matin fait éclore et qui périssent à la nuit : tels sont là *trémelle* et quelques *champignons*; d'autres, au contraire, tels que les *oliviers* et les *cèdres*, subsistent pendant plusieurs siècles, et même, comme les *baobabs* gigantesques de l'Amérique, peuvent atteindre plusieurs milliers d'années.

Le climat a une grande influence sur la durée des végétaux. Telle plante, annuelle dans une certaine région, vit plusieurs années dans une autre. Ainsi, le *réséda*, qui est annuel en France, est vivace en Egypte; la *belle-de-nuit* et le *gobéa*, vivaces au Pérou, sont annuels en Europe; le *ricin*, annuel dans nos climats, est, en Afrique, une plante ligneuse arborescente.

Forme des racines.

Considérées sous le rapport de leur forme, les racines sont :

1° *Pivotantes*, lorsqu'elles s'enfoncent perpendiculairement dans le sol et qu'elles ont la forme de pivot ou pieu;

2° *Fibreuses*, c'est-à-dire composées d'une ou de plusieurs fibres filamenteuses, comme le *panais* (une) et l'*orme* (plusieurs);

3° *Tubériformes*, composées de substances

charnues et plus ou moins renflées, avec des yeux et des cicatrices, comme les *pommes de terre* ;

4° *Bulbiformes*, lorsqu'elles portent une bulbe ou un oignon à la partie supérieure ;

5° *Simples*, lorsqu'elles sont sans divisions sensibles, comme la *rave* et la *carotte* ;

6° *Rameuses*, lorsqu'elles ont des divisions sensibles, comme le *frêne* et le *peuplier d'Italie* ;

7° *Fasciculées*, lorsqu'elles sont en faisceaux, comme le *dahlia* et la *renoncule* ;

8° *Capillaires*, lorsqu'elles sont en fibres déliées, comme l'*orge* et le *lin* ;

9° *Ecailleuses*, lorsqu'elles sont entourées d'une espèce de cuirasse plus dure qu'à l'intérieur, comme l'*oignon* et le *lis* ;

10° *Noueuses*, lorsqu'elles sont composées de nœuds formant des renflements, comme l'*avoine à chapelet* ;

11° *Articulées*, lorsqu'elles ont des étranglements de distance en distance, comme le *sceau de Salomon* ;

12° *Ovoïdes*, quand elles offrent un ou plusieurs tubercules arrondis en forme d'œuf, comme les *orchis* ;

13° *Digitées*, lorsque ces tubercules sont divisés également jusqu'à la base et en forme de doigt, comme l'*orchis digité*;

14° *Flexueuses* enfin, lorsqu'elles éprouvent des torsions sur elles-mêmes, comme la *bistorte*.

Direction des racines.

Les racines tendent en général à se diriger vers le centre de la terre ; mais il en est qui se détournent de cette direction pour aller chercher la nourriture qui leur convient, et, sous ce rapport, on les distingue en :

1° *Verticales*, ou plongeant verticalement dans le sein de la terre, comme le *panais* et la *carotte*;

2° *Horizontales*, quand elles suivent une direction parallèle au sol, comme l'*iris commun* et l'*anémone*;

3° *Obliques*, si elles s'enfoncent dans une direction intermédiaire, comme le *chêne* et l'*iris germanique*;

4° *Traçantes*, lorsqu'elles produisent çà et là des rejets, comme le *sumac* et le *lilas*.

Longueur et couleur des racines.

La longueur des racines n'est pas toujours en rapport avec l'élévation de la tige d'un végétal ; tel arbre qui a une grande hauteur de tige peut avoir de très-courtes racines, et réciproquement. Ainsi, la tige de *luzerne* est très-courte, bien que ses racines soient fort longues ; le contraire a lieu dans le *sapin*.

Les racines sont généralement brunes, de couleur de bistre ou noires, jamais vertes ; il en est toutefois qui ont d'autres nuances : elles sont jaunâtres dans le *mûrier*, rougeâtres dans l'*orme*, blanches dans le *cytise des Alpes*.

Certains végétaux vivent dans l'eau e sont appelés *plantes aquatiques* ; exemples : le *nénuphar* et le *trèfle d'eau*, pourvus, outre les racines qui les attachent à la terre, d'autres racines qui sont flottantes dans les eaux. Certaines plantes, telles que les *lentilles aquatiques* et l'*utriculaire*, nagent à la surface de l'eau sans adhérer aucunement à la terre ; elles se nourrissent uniquement des matières qu'elles rencontrent en suspension dans les eaux.

Il y en a qui vivent à la fois dans l'eau et sur la terre : ce sont les *plantes amphibies*.

Quelques-unes, enfin, n'ont de racine

ni dans le sol ni dans l'eau ; telles sont la *valériane rouge* et la *giroflée commune*, qui absorbent les matériaux nutritifs qu'elles rencontrent dans les murailles ; les *algues* et les *lichens*, qui végètent sur les pierres et les rochers. Les plantes appelées *parasites* naissent et croissent sur d'autres végétaux, et se nourrissent de la substance que ceux-ci tirent de la terre : tels sont les *sucepins* et le *gui*, qui vivent sur les arbres ; la *cuscute* et les *mousses*, parasites des écorces.

CHAPITRE II.

La tige.

La tige est cette partie du végétal qui sort du collet de la racine, croît en sens inverse des radicelles, s'élève dans l'atmosphère et donne naissance aux branches, aux feuilles et aux fleurs.

La tige a la triple destination de transporter à ces autres parties du végétal les sucs nourriciers puisés dans le sol par les racines, de les présenter à la chaleur vivifiante du soleil et au balancement salutaire des vents, de les préserver, pendant l'hiver, de l'humidité des terres inondées par les pluies ; pendant l'été, de l'ardeur du sol brûlé par le soleil.

Cet organe existe constamment : toutes les plantes ont une tige ; mais quelquefois elle reste très-courte, prend très-peu de développement, et les feuilles semblent naître immédiatement du collet ou partie supérieure de la souche. On donnait autrefois le nom d'*acaules*, ou sans tige, aux plantes qui offrent cette disposition, comme, par exemple, le *pissenlit* et la *mandragore*; mais on a reconnu plus tard que ces plantes possédaient véritablement une tige, mais très-courte et en partie cachée sous le sol.

Structure générale des tiges.

Sous le rapport de leur structure générale, les tiges sont d'abord rangées en trois classes principales :

Les *ligneuses*, — les *sous-ligneuses*, — les *herbacées*.

Les tiges des plantes ligneuses sont

dures et sèches ; elles forment un corps solide qui a reçu le nom de *bois* ; elles persistent dans toutes leurs parties pendant un plus ou moins grand nombre d'années. Les tiges du *chêne*, du *prunier*, du *cerisier*, de l'*oranger*, sont des tiges *ligneuses*.

Les tiges des plantes sous-ligneuses sont de même dures et sèches, et forment également un corps solide ; mais la base seule de la tige persiste pendant un certain nombre d'années, tandis que les extrémités périssent et se renouvellent tous les ans : tels sont le *thym*, le *chèvrefeuille*, la *vigne-vierge* et la *giroflée des murs*.

Les tiges des plantes herbacées sont molles, flexibles et vertes dans toutes les parties ; elles forment généralement un corps creux et aqueux qui a reçu le nom d'*herbe* ; elles meurent entièrement dès la première année, après avoir donné leurs fleurs et leurs fruits : tels sont le *mouron*, le *pavot*, la *bourrache* et le *poireau*.

Structure de la tige ligneuse.

Le tronc des tiges ligneuses est formé, chez le plus grand nombre de végétaux de couches concentriques superposées. Il représente, en quelque sorte, une suite d'étuis ou de cônes très-allongés, emboîtés les uns dans les autres. Coupé transversalement, il présente des espèces de cercles qui se composent des parties suivantes :

1° Tout à fait à l'extérieur, l'*écorce*, formée de feuillets plus ou moins nombreux, appliqués les uns contre les autres et unis entre eux ;

2° Les *couches ligneuses*, distinguées en :

Externes ou *aubier*, ou *faux-bois*,
Internes ou *bois*, ou *cœur de bois*.

3° Le centre du bois est occupé par la *moelle*, à laquelle la partie la plus intérieure du bois forme une sorte d'enveloppe nommée *étui médullaire*. Nous allons étudier successivement ces diverses parties.

ÉCORCE.

L'*écorce* se compose de couches minces, très-intimement unies entre elles. Elle comprend, dans l'ordre suivant :

1° L'*épiderme* ;
2° L'*enveloppe herbacée* ;
3° Les *couches corticales*.

L'Épiderme est une peau ou membrane très-mince à l'extérieur, généralement transparente, offrant au microscope une multitude de pores ou petites ouvertures, et recevant sa couleur verte de l'enveloppe herbacée.

Une observation assez curieuse à faire, c'est que, malgré la facilité avec laquelle l'épiderme se détache de la tige, et surtout malgré son peu de consistance, c'est généralement la partie du végétal qui résiste le plus longtemps à la décomposition.

L'Enveloppe herbacée, qui vient ensuite, est entièrement distincte de l'épiderme. C'est une substance spongieuse, d'une couleur verte dans les jeunes pousses, remplie de petites cavités ou cellules, ce qui lui a fait donner aussi le nom de *tissu cellulaire*.

L'enveloppe herbacée est le siége d'un des phénomènes chimiques les plus remarquables qu'offre la vie d'une plante; c'est dans ce tissu, qui entre également dans la structure des feuilles, que s'opère la décomposition de l'acide carbonique absorbé dans l'air par la plante.

Nous aurons, du reste, à nous occuper de ce phénomène, lorsque nous parlerons

de la respiration et de la nutrition des végétaux.

L'enveloppe herbacée, qui est très-déve-
loppée dans une certaine espèce de chêne,
produit cette substance sèche et légère
qu'on appelle *liége*.

COUCHES CORTICALES. Toute la partie intérieure de l'écorce au-dessous de l'enveloppe herbacée se compose d'une suite de
feuillets superposés et unis très-intimement. On donne à ces feuillets le nom de
couches corticales.

Quelques auteurs partagent ces couches
en deux portions : les plus extérieures,
plus anciennes et desséchées, sont les *couches corticales proprement dites*, tandis qu'on
nomme *liber* les plus profondes.

Tant que l'écorce jouit de sa vitalité et
de sa force végétative, ses fibres sont douées
d'une très-grande ténacité, dont on a souvent tiré parti.

C'est ainsi qu'on a fait des toiles et du
papier avec les feuillets corticaux du *mûrier
à papier* ; qu'avec ceux du *tilleul* on fabrique
les cordes de nos puits ; enfin, que les deux
matières végétales textiles les plus généralement employées en Europe, le *chanvre* et
le *lin*, ne sont autre chose que les fibres

retirées de l'écorce de ces deux plantes.

Un grand nombre de végétaux en fournissent de semblables.

COUCHES LIGNEUSES.

Le corps ligneux, ou le *bois*, est toute la partie de la tige située immédiatement au-dessous de l'écorce, jusqu'à l'étui médullaire.

Dans la jeune tige, pendant la première année, l'écorce et le bois sont intimement confondus et unis entre eux ; mais, par la suite, l'écorce se distingue très-nettement du bois, dont on la sépare avec la plus grande facilité.

Si l'on examine une tige de *chêne*, de *pommier*, de *cerisier*, de *noyer*, ou de tout autre arbre dont le bois est plus ou moins coloré, on reconnaît une différence très-sensible entre les couches ligneuses les plus intérieures, qui sont plus foncées et d'un tissu plus dense, et les couches extérieures, qui sont au contraire d'une teinte plus pâle et d'un tissu plus mou. On a donné le nom d'*aubier* à l'ensemble des couches les plus extérieures du bois, et celui de *bois propre-*

ment dit, de *cœur de bois* ou de *duramen,* aux plus intérieures.

Quelquefois cette différence de coloration entre le bois et l'aubier est extrêmement marquée, et le changement se fait brusquement et sans nuances intermédiaires, comme dans le bois d'*ébène,* dont le cœur ou duramen est noir, tandis que l'aubier est blanc; dans le *bois de Campêche,* où le duramen est d'un rouge très-foncé, tandis que les couches de l'aubier sont pâles et blanchâtres.

Mais il arrive fréquemment aussi que cette différence est insensible et que les couches externes ont la même teinte que les internes. C'est ce qu'on observe dans les bois blancs et légers comme le *pin,* le *sapin,* le *peuplier,* l'*érable,* etc. L'aubier, dans ce cas, ne diffère du bois que par la moindre solidité du tissu qui le compose ; néanmoins, même alors, on donne le nom d'aubier à ces couches plus extérieures du corps ligneux.

Nous n'avons pas besoin de faire remarquer que l'aubier est le même organe que le bois proprement dit, mais plus jeune. Par suite des progrès de l'acte végétatif, les couches d'aubier les plus intérieures prennent à leur tour tous les caractères du bois proprement dit, et viennent en augmenter la masse à mesure que, chaque année, une nouvelle zone d'aubier ou de jeune bois vient s'ajouter extérieurement à celle qui avait été formée l'année précédente. L'âge d'un arbre peut donc être apprécié d'une manière à peu près certaine par l'inspection des couches ligneuses qui composent sa tige.

MOELLE ET ÉTUI MÉDULLAIRE.

Vers la partie centrale de la tige se trouve le canal ou étui médullaire, rempli par un tissu plus ou moins régulier appelé *moelle*.

La forme de l'étui médullaire est très-variable. Dans le plus grand nombre des cas elle est à peu près circulaire ; elliptique dans le *frêne*, elle est anguleuse dans le *laurier-rose* ; elle est étoilée, en général, dans les jeunes branches et les jeunes tiges.

La moelle qui remplit le canal médullaire se montre avec des caractères différents, suivant qu'on l'examine dans une branche jeune, qui se développe, ou dans une tige déjà ancienne.

Dans une jeune plante la moelle forme

une masse qui se prolonge sans interruption
depuis le collet de la racine jusqu'à l'extrémité des plus petits rameaux de la tige.
Elle est charnue, imprégnée de sucs dans
toutes ses parties, et souvent d'une couleur
verte plus ou moins intense. Mais, à mesure que la branche ou la tige s'accroît et
qu'elle développe des feuilles et des fleurs,
les liquides accumulés dans la moelle sont
absorbés; les particules de matière verte
disparaissent, et quand la végétation, com-
mencée au printemps, s'arrête en été, le
canal médullaire ne contient plus qu'un
tissu aride, incolore, et se desséchant avec
la plus grande facilité. Il se vide donc avec
l'âge, et généralement les vieux arbres ne
contiennent plus de moelle.

L'organisation de la tige des plantes ligneuses est nécessairement tout autre que
celle des plantes herbacées; celles-ci ne
vivent qu'une année ou deux, et ne sont
formées que de moelle et d'écorce; cette
différence s'explique facilement par le peu
de durée de leur existence, qui ne permet
pas à leurs diverses couches de prendre
une solidité assez grande pour les transfor-
mer en bois.

Noms des tiges principales.

Suivant leurs manières d'être, les tiges ont reçu les noms particuliers de *chaume, tronc, stipe, hampe, souche.*

CHAUME. Le chaume est une tige creuse [1], le plus souvent herbacée, rarement ligneuse (les *bambous*, la *canne de Provence*), généralement simple, offrant de distance en distance des nœuds pleins, d'où naissent des feuilles qui commencent par une longue gaîne embrassant la tige. Cette sorte de tige est particulière aux *graminées* (le *blé*, l'*orge*, l'*avoine*) et aux *cypéracées* (les *carex*, les *souchets*).

TRONC. On appelle *tronc* la tige de presque tous les arbres de nos jardins et de nos forêts. Elle est ligneuse, diminue de grosseur en allant de la base au sommet, se divise et se subdivise en un grand nombre de branches et de rameaux sur lesquels naissent les feuilles ; elle offre une écorce distincte et est composée intérieurement

---

[1] Elle est pleine dans plusieurs *graminées*, entre autres dans la *canne à sucre*.

de bois disposé en couches concentriques et superposées.

STIPE. Le *stipe* est une autre sorte de tige ligneuse, qu'on observe dans certaines familles de végétaux, auxquelles appartiennent les *palmiers*, les *bananiers*, les *aloès*. Il a pour caractère d'être droit, cylindrique, c'est-à-dire rond et aussi gros à son extrémité supérieure qu'à sa base, et de porter à son sommet un bouquet de feuilles ordinairement très-grandes et entremêlées de fleurs.

HAMPE. La hampe est la tige herbacée dépourvue de feuilles. Elle part du collet de la racine et se termine par une ou plusieurs fleurs, comme dans le *muguet*, la *tulipe*, la *jacinthe*, le *pissenlit*.

SOUCHE. La souche ou *rhizome* est la tige souterraine et horizontale des plantes vivaces cachées en tout ou en partie dans la terre, et poussant de leurs extrémités antérieures de nouvelles tiges, que l'on appelle communément *racines progressives*, à mesure que les tiges précédentes se détruisent, comme la *scabieuse*, la *sylvie*, le *sceau de Salomon*.

La tige présente des caractères variés

suivant qu'on étudie : 1° sa forme, — 2° sa direction, — 3° sa surface.

Forme de la tige.

La forme de la tige est généralement à peu près *cylindrique*. Elle peut être *triangulaire, carrée* ou *quadrangulaire,* comme dans le *thym* et le *serpolet.* Elle est :

Noueuse, quand elle présente des nœuds ou renflements solides, comme dans le *geranium Robertianum* et dans les végétaux de la famille des *graminées ;*

Articulée, c'est-à-dire formée d'articulations superposées : exemple, le *gui ;*

Géniculée, quand ces articulations sont fléchies, comme dans le *geranium sanguineum ;*

Sarmenteuse et grimpante , c'est-à-dire mince, ayant besoin d'un support pour se soutenir, et s'élevant sur les corps voisins au moyen d'appendices particuliers nommés *vrilles,* ou par sa simple torsion autour de ces corps : tels sont la *vigne,* le *pois de senteur,* la *courge* et la *clématite ;*

Volubile, lorsqu'elle monte en spirale autour des plantes qui l'avoisinent, comme le *houblon* et le *chèvrefeuille*, qui tournent continuellement à gauche en suivant le mouvement du soleil, ou comme le *liseron* et le *haricot*, qui, au contraire, tournent continuellement à droite.

Direction de la tige.

La direction de la tige est généralement verticale ; quelquefois elle peut être oblique, ou horizontale et couchée à la surface du sol. C'est dans ce dernier cas qu'on dit qu'elle est *rampante*, et quand elle s'attache au sol par des fibres radicales naissant de tous les points de sa surface qui touchent à la terre ; elle est *traçante* quand elle donne naissance à des rameaux ou rejets grêles, nommés *coulants* ou *stolons*, qui s'enracinent de distance en distance ; exemples : le *fraisier*, la *potentille traçante*.

D'après sa vestiture et ses appendices, la tige est :

1° *Feuillée*, ou portant des feuilles ;

2° *Aphylle*, ou sans feuilles ; exemple, la *cuscute* ;

3° *Ecailleuse*, ou portant des feuilles en

forme d'écailles : telles sont les *oroban-*
ches ;

4° *Ailée*, c'est-à-dire garnie longitudi-
nalement d'appendices membraneux ou foliacés, venant le plus souvent des feuilles ;
par exemple, la *grande consoude*, le *bouil-*
lon-blanc.

En considérant la superficie de la tige,
on la trouve :

1° *Unie*, quand la surface n'a aucune
aspérité, comme la *capucine*, le *muguet ;*

2° *Glabre*, ou dépourvue de poils, comme
la *pervenche ;*

3° *Pulvérulente*, si elle est couverte d'une
sorte de poussière provenant du végétal ;

4° *Ponctuée*, offrant des points plus ou
moins saillants, comme dans la *rue :* ces
points sont ordinairement de petites glandes vésiculeuses remplies d'essence ;

5° *Verruqueuse*, lorsqu'elle offre de petites excroissances appelées galles ou ver-
rues, comme la tige du *fusain galleux ;*

6° Et *striée*, offrant de petites lignes longitudinales et saillantes nommées stries,
comme l'*oseille.*

Suivant la nature et la disposition des
poils qui recouvrent parfois sa surface, la

tige est appelée *velue, laineuse, cotonneuse* ou *soyeuse*.

Après l'explication des différents noms des tiges principales, nous devons parler de la différence qui existe entre les végétaux auxquels on a donné les quatre dénominations d'*arbres*, d'*arbrisseaux*, de *sous-arbrisseaux* et d'*arbustes*.

Les *arbres* sont vivaces, ont un tronc simple et nu à la partie inférieure, et seulement ramifié à la partie supérieure, comme l'*orme*, le *poirier*, le *chêne*, le *tilleul*.

Les *arbrisseaux* sont vivaces aussi dans toutes leurs parties, mais plus faibles que les arbres; en outre, leur tronc se ramifie très-près de la base, comme le *néflier*, le *sureau*, le *lilas*, l'*épine blanche*.

Les *sous-arbrisseaux*, qui sont ramifiés dès la base comme les arbrisseaux, ont comme eux leurs tiges vivaces, mais leurs rameaux périssent et se renouvellent tous les ans : tels sont le *thym*, la *sauge*, la *douce-amère*.

Les *arbustes*, qui, malgré leur petitesse, sont durs et vivaces comme les arbres, diffèrent des sous-arbrisseaux en ce qu'ils ne renouvellent pas leurs rameaux tous les ans : ce sont les *bruyères*, les *daphnés*, etc., etc.

Il est une remarque à faire pour faciliter la distinction de ces quatre sortes de végétaux :

A l'époque où la végétation est en quelque sorte suspendue, en automne, les *arbres* et les *arbrisseaux* émettent, dans les aisselles de leurs feuilles, des bourgeons qui se développent au printemps ; tandis que les *sous-arbrisseaux* et les *arbustes* attendent le renouvellement de la séve, c'est-à-dire les approches du printemps, pour produire et montrer leurs bourgeons.

Il nous reste à examiner la tige sous le rapport de sa ramification.

Ramification de la tige.

Sous le rapport de la ramification, les tiges se divisent en *branches*, les branches en *rameaux*, les rameaux en *ramilles*. Toutes ces divisions et subdivisions, à la grosseur près, ont la plus grande ressemblance avec la tige principale qui les a formées.

En général, à leur naissance, le plus grand nombre des tiges s'élèvent perpendiculairement ; à mesure que la plante se développe, les diverses parties, branches, rameaux et ramilles, s'étendent et prennent d'autres directions ; ce qui a fait donner aux tiges différentes dénominations.

Ainsi, la tige est dite :

1° *Simple*, quand elle ne comporte ni branches, ni rameaux, ni ramilles, comme le *lis*, la *couronne impériale* et la *digitale* ;

2° *Rameuse*, si elle est divisée en branches, rameaux et ramilles, comme le *lilas*, le *jasmin*, le *laurier* ;

3° *Fourchue*, lorsqu'elle se divise en deux branches, et dans ce cas on dit qu'elle est :

4° *Bifurquée*, quand la branche fourchue se divise elle-même en deux rameaux ; exemple, la *mâche* ou *doucette* ;

5° *Dichotome*, *trichotome*, *tétrachotome*, *pentachotome*, ou simplement *polychotome*, lorsque le rameau se subdivise une ou plusieurs fois en deux, trois, quatre ou un plus grand nombre de rameaux ou ramilles.

POSITION DES RAMEAUX.

On a donné aux rameaux différentes dénominations, d'après leurs diverses positions sur la tige ; ainsi, l'on dit que les rameaux sont :

1° *Opposés*, lorsqu'ils sortent régulièrement de la tige, et que ceux de dessus sont disposés en croix relativement à ceux de dessous, comme dans le *marronnier d'Inde* ;

2° *Alternes*, lorsqu'ils sortent régulièrement et à des distances à peu près égales de deux points non opposés de la tige, comme dans le *tilleul* ;

3° *Distingués*, lorsqu'ils sont rangés régulièrement en deux séries tout à fait opposées, comme dans l'*orme* ;

4° *Divergents*, lorsqu'ils partent d'un point commun et s'écartent plus ou moins de la tige principale qui leur a donné naissance, en formant avec elle un angle plus ou moins ouvert, comme dans le *saule commun* ;

5° *Pendants*, lorsqu'ils sont penchés vers la terre, en abandonnant la direction de la tige, comme dans le *saule pleureur* ;

6° *Verticillés*, lorsqu'ils sont rangés circulairement autour de la tige, comme dans le *mélèze*.

Des bourgeons.

Ce sont les *bourgeons* qui, en se développant au printemps, donnent naissance aux branches, aux rameaux et aux ramilles, aux feuilles et aux fleurs.

Sous le nom de *bourgeons* nous comprenons :

1° Le bourgeon proprement dit ; 2° le turion ; 3° le bulbe ; 4° les bulbilles.

Les *bourgeons proprement dits* sont presque toujours formés d'écailles étroitement imbriquées [1] les unes dans les autres, et renferment dans leur intérieur les rudiments ou principes des tiges, des branches, des feuilles et des organes de la fructification. Ils se développent toujours sur les branches, dans l'aisselle des feuilles ou à l'extrémité des rameaux.

---

[1] Superposées à la manière des tuiles.

En général, il n'y a qu'un seul bourgeon à l'aisselle d'une feuille.

Ce bourgeon, qui ne forme d'abord qu'une petite saillie, appelée bouton dans les arbres, formera plus tard un rameau qui s'allongera, produira des feuilles, puis enfin de nouveaux boutons.

Les bourgeons sont divisés en *nus* et *écailleux*.

Les premiers sont ceux qui n'offrent point d'écailles à l'extérieur, c'est-à-dire que toutes les parties qui les composent poussent et se développent sous la forme de feuilles : tels sont ceux de la plupart des plantes herbacées et de quelques arbustes, comme le *bois-gentil* par exemple.

On appelle bourgeons *écailleux* ceux dont la partie externe est formée d'écailles qui ne prennent pas d'accroissement par le développement du bourgeon, et qui finissent par tomber et disparaître, comme dans les arbres de nos climats.

Les bourgeons des arbres se présentent d'abord, en automne, sous la forme d'un œil ou point imperceptible qui, en se développant, prend le nom de *bouton*. Il reste dans cet état pendant tout l'hiver; au printemps le bouton se dilate, se gonfle

et devient un bourgeon, lequel, conti-
nuant à se développer, devient une branche, un rameau ou une ramille.

Il y a trois sortes de bourgeons :

1° Le bourgeon à feuilles ou *foliifère*,
qui ne produit que des feuillages ; il est
oblong et un peu aigu : tel est celui qui
termine la tige du *bois-gentil* ;

2° Le bourgeon à fleurs ou *florifère*, qui
renferme une ou plusieurs fleurs ; il est
en général assez gros, ovoïde et arrondi,
comme dans les *cerisiers,* les *poiriers,* les
pommiers ;

3° Et le bourgeon *mixte* ou *double*, qui
contient à la fois des fleurs et des feuilles,
comme dans le *lilas.*

Turion. On donne le nom de *turion* au
bourgeon souterrain des plantes vivaces ;
c'est lui qui, en se développant, produit
chaque année les nouvelles tiges ; ainsi, la
partie de l'asperge que l'on sert au printemps sur nos tables est le *turion.*

La différence qui existe entre le *bourgeon* proprement dit et le *turion* consiste
en ce que la naissance de ce dernier est
toujours souterraine, tandis que l'autre
naît constamment sur une partie exposée
à l'air et à la lumière.

Du bulbe. Le *bulbe* est une espèce de bourgeon qui, en se développant, reproduit une plante semblable à celle qui lui a donné naissance. Il est composé de trois parties, savoir : le *plateau*, la *racine* et les *écailles* ou feuilles rudimentaires.

Le plateau, qui est une véritable tige, porte les écailles sur sa face supérieure et donne naissance inférieurement aux fibres radicales.

Comme on le voit, le bulbe renferme une plante rudimentaire, mais complète, ayant sa tige, sa, racine, ses feuilles.

On distingue trois espèces de bulbes, suivant la forme et la disposition des écailles : le bulbe *à tunique*, le bulbe *écailleux* et le bulbe *solide*.

Le bulbe *à tunique* est celui dont les écailles sont d'une seule pièce et s'emboîtent les unes dans les autres, ayant un centre commun, comme dans l'*oignon ordinaire* et la *jacinthe*.

Dans le bulbe *écailleux*, les écailles, plus petites et plus nombreuses, se recouvrent en *s'imbriquant* : tel est le bulbe du *lis*.

Le bulbe *solide* est celui dont le plateau se développe considérablement, de manière à former presque toute la masse du bulbe, et dont les écailles sont, au contraire, minces et membraneuses, comme dans le *safran* et le *colchique* d'automne.

Le bulbe peut être simple ou composé :

Simple, lorsqu'il est formé d'un seul corps, comme celui du *lis,* de la *tulipe ;*

Composé, lorsqu'il est formé de plusieurs petits bulbes réunis, auxquels on a donné le nom de *caïeux,* comme dans l'*ail* ordinaire.

Les bulbes se régénèrent chaque année ; tantôt ils prennent naissance au centre des anciens bulbes, tantôt ils se forment sur leurs parties latérales.

Lorsqu'un bulbe est placé dans des conditions favorables à son développement, on voit les écailles extérieures s'écarter peu à peu, puis se flétrir et se dessécher, tandis que la jeune tige qu'il renferme s'élève en se couvrant de feuilles, et plus tard de fleurs et de fruits.

Quelques plantes jouissent de la faculté de produire, soit à l'aisselle de leurs feuilles, soit à la place de leurs fleurs, de petits corps arrondis et écailleux qui ont la propriété de se détacher de la plante mère et de donner naissance à une autre plante identique à celle qui les a produits. Ces petits corps, qui ne sont autre chose que des bourgeons mobiles, ont reçu le nom de *bulbilles*.

Les *tubercules*, qu'il ne faut pas confondre avec les renflements tuberculeux que présentent certaines racines, sont de véritables souches ou tiges souterraines chargées de matières féculentes, et portant sur différents points de leur surface des bourgeons susceptibles de se développer, et de produire de nouvelles plantes semblables à celles qui leur ont donné naissance. Comme exemples de tubercules, nous citerons *la pomme de terre* ou *parmentière*, le *topinambour*, les *orchis*.

Des vaisseaux.

En parlant sommairement du *tissu vasculaire*, nous avons dit que nous reviendrions sur les divers *vaisseaux* qui apportent à la plante les aliments et l'air nécessaires à son existence ; c'est ce que nous allons faire.

On peut diviser ces vaisseaux en trois classes, qui, d'après leurs diverses fonctions, ont reçu les noms différents de *vaisseaux séveux*, *vaisseaux propres* et *vaisseaux-trachées*.

VAISSEAUX SÉVEUX. Les vaisseaux *séveux* ou *lymphatiques* sont ceux qui donnent passage aux sucs nourriciers, c'est-à-dire à ce liquide aqueux qu'on appelle *séve* ou *lymphe*, et qui consiste dans le suc absorbé par les racines des plantes, et, comme nous le verrons plus tard, par les pores des feuilles.

Cette séve est destinée à être élaborée dans l'intérieur des tiges et transformée en tout ou en partie en matière nutritive. Elle est très-peu visible dans quelques plantes, mais elle abonde dans beaucoup d'autres, telles que l'*érable*, le *bouleau*, le *noyer*, le *charme*. On dit habituellement que la vigne *pleure*, pour exprimer l'abondance et le débordement de la séve dans ce végétal.

En parlant de la marche de la séve, nous indiquerons tout à l'heure la place des vaisseaux séveux.

VAISSEAUX PROPRES. Les vaisseaux *propres* sont ceux qui font circuler les sucs particuliers au caractère de chaque plante, sucs différents qui proviennent de leurs écorces différentes, et qui, par suite, leur donnent à toutes une vertu particulière.

C'est ainsi que, d'après leurs propriétés, ces sucs ont été appelés :

Gommeux dans l'abricotier ;

Térébenthineux dans le pistachier ;

Résineux dans le pin ;

Balsamiques dans le sapin ;

Visqueux dans l'épicéa, etc.

Vaisseaux-trachées. Les *vaisseaux-trachées* sont destinés à la respiration et à la transpiration des végétaux, c'est-à-dire à la circulation de l'air qui s'est introduit dans la plante avec la séve, par les racines, par l'écorce des tiges, ou bien par les pores des feuilles, ce que nous expliquerons plus tard quand nous aurons fait connaissance avec la structure de ces dernières.

CHAPITRE III.

De la feuille.

Les feuilles sont des organes appendiculaires qui naissent sur la tige, sur les rameaux, sur les ramilles, et qui quelquefois partent immédiatement du collet de la racine.

Elles sont ordinairement en lames minces, molles, membraneuses, poreuses et de couleur verte.

Destinées à protéger les nouveaux bourgeons, les fleurs et les fruits contre les fortes pluies ou les trop grandes chaleurs du jour, elles sont d'une incontestable utilité; car si on les enlevait avant l'entière maturité de la plante, les fleurs se faneraient bientôt, et par suite les fruits perdraient leur saveur.

Elles sont encore, avec les racines, les principaux organes par lesquels le végétal absorbe la substance nutritive, ce qui leur a fait donner le nom de *racines aériennes*.

Elles renferment, comme les tiges, de petits vaisseaux en spirale, ou trachées, qui sont de véritables poumons destinés à pomper l'air, les vapeurs de l'atmosphère, et à les faire circuler dans la plante. C'est par elles que s'accomplit la respiration des végétaux, et en même temps leur transpiration et leur exhalation.

Structure générale des feuilles.

Les feuilles sont généralement composées de deux parties : un support ou *pétiole*, et une lame ou *limbe*, qui est la partie plane et *foliacée*, la *feuille* proprement dite.

On distingue dans la feuille : *deux faces*, l'une *supérieure*, l'autre *inférieure* ; une *base*, ou point par lequel elle est attachée ; un *sommet*, opposé à sa base ; un *contour* ou *bord*.

Les feuilles sont formées par l'épanouissement d'un ou plusieurs faisceaux vasculaires provenant de la tige. En se divisant et se joignant entre eux, ces vaisseaux, appelés *nervures*, constituent une espèce de réseau qui représente en quelque sorte le squelette de la feuille, et dont les mailles sont remplies par un tissu cellulaire plus ou moins abondant. Parmi ces nervures, il en est une plus grosse et plus saillante qui semble être la continuation immédiate du pétiole, et qui partage le limbe en deux parties plus ou moins égales : c'est la nervure *médiane*, d'où partent ordinairement

les nervures secondaires, qui elles-mêmes
se subdivisent et se ramifient souvent pres-
qu'à l'infini. Ces dernières ramifications
peu saillantes des nervures ont reçu le nom
de *veines* ou *veinules*.

Les nervures sont dites : *parallèles*, lorsqu'elles marchent, le long du limbe de la
feuille, à égale distance les unes des autres
et sans se ramifier (*muguet, iris*) ; *rameuses*, quand elles se subdivisent dans le
limbe et s'envoient des branches de com-
munication (*melon*). Les nervures rameuses
sont dites : *pennées*, quand des deux côtés
de la nervure médiane partent des nervures latérales disposées comme les barbes
d'une plume (*cerisier*) ; *palmées*, quand la
base du limbe émet plusieurs nervures
primaires, divergentes et disposées comme
les doigts de la main. Les nervures primaires sont seules *palmées ;* les secondaires, tertiaires, etc., suivent la direction
pennée.

Parenchyme et épiderme.

Le *parenchyme* est la matière molle qui
remplit les interstices ou les mailles du

réseau formé par les nervures ; il est communément vert, et c'est lui qui donne aux feuilles leur coloration la plus habituelle. Il est composé de plusieurs couches d'utricules ou vessies extrêmement exiguës, qui renferment la *chlorophylle* ou matière colorante en petits granules verts.

L'*épiderme* est la pellicule ou petite peau qui recouvre les faces de la feuille.

Les deux faces de la feuille ont chacune des fonctions différentes : la *face inférieure* est destinée à seconder les racines en absorbant par des pores nombreux, appelés *stomates*, les vapeurs nutritives de l'atmosphère. Elle est ordinairement terne, et couverte d'aspérités et de petites côtes en relief.

La *face supérieure* absorbe l'air nécessaire à la plante, et exhale, par de petites ouvertures appelées *pores de respiration*, les liqueurs sécrétées. Elle remplit, par conséquent, des fonctions tout à fait différentes ; elle est aussi plus lisse, plus ferme, plus brillante que la face inférieure.

Structure particulière des feuilles.

Pour connaître la structure particulière des feuilles, nous avons à les considérer sous les divers rapports de leur durée, de leur consistance, de leur couleur, de leur insertion et de leur forme.

DURÉE DES FEUILLES.

Dans nos climats, il arrive chaque année une époque où la plupart des végétaux se dépouillent de leurs feuilles. C'est ordinairement à la fin de l'été ou au commencement de l'automne.

Il est des arbres et des arbrisseaux qui restent en tout temps ornés de feuillage : ce sont les espèces résineuses, comme le *pin* et le *sapin*, que l'on appelle pour cette raison du nom spécial de *toujours verts*.

Quoique la chute des feuilles ait généralement lieu aux approches de l'hiver, on ne doit cependant pas regarder le froid comme la principale cause de la défoliation; elle doit être bien plutôt et plus naturellement attribuée à la cessation de la végétation, au manque de nourriture que les feuilles éprouvent à cette époque où, le travail de la reproduction étant terminé, le cours de la séve est interrompu. Alors les vaisseaux de la feuille se dessèchent, et bientôt cet organe se détache du rameau sur lequel il s'était développé.

Sous le rapport de leur durée, les feuilles sont divisées en plusieurs classes :

1° Les feuilles *annuelles*, qui meurent tous les ans, bien qu'elles appartiennent à des tiges *vivaces* : telle est la plus grande partie des feuilles des *arbres*. Les feuilles des plantes annuelles qui cessent d'exister à la mort de leurs tiges sont nécessairement des *feuilles annuelles*;

2° Les feuilles *vivaces*, qui ne meurent qu'avec la tige; par exemple l'*oseille*, l'*asperge*, etc.;

3° Les feuilles *caduques*, qui tombent d'elles-mêmes peu de temps après leur apparition, comme celles de beaucoup de *cactus*;

4° Les feuilles *marcescentes*, qui se dessèchent sur la plante avant de tomber, comme celles du *chêne*;

5° Et les feuilles *persistantes*, qui passent les hivers, et qui ne meurent et tombent qu'après que les nouvelles feuilles sont sorties de leurs bourgeons, comme le *pin*, le *mélèze*, le *cyprès*. Ce sont les arbres *toujours verts*.

CONSISTANCE DES FEUILLES.

Les feuilles sont dites :

1° *Membraneuses*, quand elles sont minces, sèches et transparentes, comme dans l'*aristoloche* ;

2° *Scarieuses*, quand elles sont encore plus sèches et plus arides, comme dans les *mousses* ;

3° *Épaisses*, si elles sont fermes et dures : l'*aloès* ;

4° *Fistuleuses*, quand elles sont creuses, comme dans l'*ail* ;

5° *Pulpeuses*, lorsqu'elles sont charnues et remplies de suc, comme celles de la *joubarbe des toits*.

COULEUR DES FEUILLES.

Le vert, qui est la couleur générale des feuilles, présente, suivant les différentes plantes, des nuances plus ou moins prononcées, tendres ou dures, claires ou foncées; vert d'herbe et un peu violet dans les plantes marines; vert glauque ou vert de mer, avec une légère couche de matière résineuse, dans la *capucine*.

Mais quelquefois le vert n'y est pas la couleur dominante ; alors les feuilles sont :

1° *Colorées*, quand une autre couleur que le vert y domine, telle que le rouge éclatant qu'on remarque dans l'*amarante* ordinaire, le rouge jaune dans l'*amarante tricolore*, et le rouge purpurin dans quelques plantes de la famille des *floridées ;*

2° *Discolores*, quand les deux faces ne sont pas de la même couleur ; exemple : les feuilles de la *cymbalaire*, dont la surface supérieure est verte, et la surface inférieure pourprée ;

3° *Tachetées*, si elles offrent des taches d'une couleur différente de la feuille ; exemple, l'*arum*.

Insertion et forme des feuilles.

La manière dont les feuilles sont attachées à la tige se nomme *insertion*.

La feuille est dite *pétiolée* quand elle est portée sur un pétiole.

Quand son limbe adhère immédiatement à la tige, on la nomme *sessile*, c'est-à-dire *assise*.

Les feuilles ne naissent pas au hasard et sans ordre sur une tige ; tantôt elles sont situées deux à deux sur le même plan et vis-à-vis l'une de l'autre : on les nomme alors *opposées*; tantôt elles sont solitaires sur un plan horizontal, et on les dit *alternes* ; tantôt enfin elles sont groupées circulairement autour de la tige comme une couronne, et on les appelle *verticillées*. Elles sont *distiques* lorsqu'elles naissent de nœuds alternes, placés sur deux rangs, à droite et à gauche; *fasciculées*, lorsque, naissant solitaires sur des rameaux fort raccourcis, elles sont assez rapprochées pour représenter un faisceau; *imbriquées*, quand elles se recouvrent les unes les autres comme les tuiles d'un toit (cyprès, thuia).

On appelle *feuilles radicales* celles qui semblent naître immédiatement du collet de la racine ; *caulinaires*, celles qui naissent sur la tige et sur les rameaux (rosier); *embrassantes*, celles dont le pétiole ou le limbe entoure la tige (renoncule) ; *con-*

fluentes, celles qui, étant opposées, se joignent par leur base.

Les fleurs sont dites :

Orbiculaires, quand leur limbe représente un disque circulaire ; *ovales*, quand il présente la coupe longitudinale d'un œuf, et que sa plus grande largeur est à sa base ; *lancéolées*, quand leur limbe va se rétrécissant vers les deux extrémités, à l'instar d'un fer de lance ; *capillaires*, quand elles sont fines et flexibles comme des cheveux ; *aiguës*, quand leur sommet s'amincit en pointe ; *cordiformes*, quand elles ont la forme d'un as de cœur.

La feuille est dite *entière* quand son limbe ne présente aucune espèce de division ; *découpée*, si le bord présente une suite de lignes brisées. La feuille *dentée* a des dentelures plus ou moins aiguës ; les dents de la feuille *épineuse* sont suraiguës et piquantes comme des aiguilles.

La feuille est *simple* ou *composée*.

On appelle feuille simple celle dont les découpures, quelque profondes qu'elles soient, ne peuvent se séparer nettement les unes des autres, et feuille composée celle dont les parties, qu'on nomme *folioles*, peuvent se séparer sans déchirement.

Les folioles de la feuille composée sont quelquefois réduites à leur nervure médiane, et forment des *vrilles* qui s'enroulent autour des corps voisins ; les vrilles de la *clématite* sont des pétioles contournés à leur base ; celles de la *vigne*, des rameaux à fleurs restés stériles.

Quant à leur surface, les feuilles prennent aussi différents noms ; elles sont *lisses, glabres, pubescentes, soyeuses, hérissées, ciliées*, etc.

Nous nous sommes étendu sur tous ces détails, afin de rendre plus facile à ceux qui les auront étudiés la connaissance d'une plante par la simple inspection de ses feuilles, quand il s'agira tout à l'heure d'appliquer les principes que nous venons de poser.

CHAPITRE IV.

De la nutrition dans les végétaux.

Nous venons d'étudier tous les organes de la végétation, c'est-à-dire tous ceux qui servent au développement et à la formation du végétal ; voyons maintenant comment s'opère la nutrition, quelle part y prend chacun de ces organes, et quelles sont les conditions nécessaires pour qu'elle ait lieu.

Mais, avant d'entrer en matière, il est indispensable de dire quelques mots sur les agents de la nutrition et de la respiration des plantes.

Les *corps simples* les plus répandus dans la nature sont l'*oxygène*, l'*hydrogène*, l'*azote*, qui sont gazeux, et le *carbone*, qui est solide.

Ces différents corps, combinés entre eux, forment des *composés* qui n'ont plus les propriétés des composants. Ainsi l'oxygène et l'hydrogène donnent, en se combinant, naissance à l'eau ; l'oxygène et le carbone produisent un gaz particulier appelé *acide carbonique* ; l'oxygène et l'azote font de l'acide azotique ou nitrique, qui est liquide ; l'hydrogène et l'azote forment, en se combinant, le gaz délétère appelé *ammoniaque*.

L'air atmosphérique, enfin, est un mélange d'oxygène, d'azote, d'une très-petite quantité d'acide carbonique et de vapeur d'eau.

Sans entrer dans de plus grands détails sur les phénomènes résultant des différentes combinaisons de ces corps, nous dirons que les tissus des végétaux sont en général composés d'hydrogène, d'oxygène, de carbone et d'azote.

La plante, qui est fixée au sol, ne peut pas, comme les animaux, aller chercher au loin sa nourriture ; c'est pourquoi la nature a pourvu à ses besoins en mettant près d'elle les substances nécessaires à son existence, et l'on appelle *nutrition des plantes* la fonction par laquelle les végétaux s'assimilent une partie des substances solides, liquides ou gazeuses, qu'ils puisent dans la terre par les racines, ou dans l'atmosphère par les feuilles.

Cette fonction s'accomplit par les actes suivants :

L'*absorption*,   La *transpiration*,
La *circulation*,   Et la *respiration*.

Absorption ou succion.

C'est par les extrémités de leurs fibrilles les plus déliées, ou par les spongioles, que les racines absorbent, dans la terre, les principes nutritifs qui s'y trouvent dissous (notons ici que toutes les parties vertes des végétaux, telles que les feuilles, les jeunes branches, etc., sont également douées d'une force de succion remarquable). L'eau pure ou distillée ne saurait former la base de l'alimentation de la plante; il faut qu'elle contienne des principes étrangers, tels que l'ammoniaque, l'acide carbonique; des sels, tels que les sels calcaires, le nitrate de potasse; des composés métalliques, oxyde de fer et autres corps, que la plante absorbe, retient dans son intérieur, digère et s'assimile suivant les lois de la nature.

Les feuilles sont aussi des agents importants de la succion (outre ceux de la respiration, dont nous parlerons tout à l'heure). Dans les plantes grasses, par exemple, dont les racines croissent sur les rochers ou dans les déserts des tropiques, il est évident que l'absorption se fait par les feuilles et les autres parties plongées dans l'atmosphère, la racine ne servant ici qu'à fixer la plante au sol. Il est donc vrai de dire que toute la surface aérienne de la plante, c'est-à-dire la tige, les rameaux et l'innombrable quantité des feuilles sont des organes qui aident les racines, par l'évaporation dont ils sont le siége, en même temps qu'ils suppléent entièrement à celles-ci dans certaines circonstances, en absorbant les fluides gazeux qui les environnent.

Circulation.

Les liquides que les racines ont absorbés, mêlés à ceux qui ont pénétré dans le végétal par l'action absorbante des feuilles, constituent la *séve* ou fluide nutritif du végétal.

Ce fluide, dans la période active de la végétation, est sans cesse en mouvement; il se porte vers tous les organes, soit pour s'y modifier, soit pour les nourrir. Au printemps, la séve est essentiellement aqueuse, d'une saveur douceâtre; elle contient des acides carbonique et acétique, libres ou combinés avec la potasse ou la chaux. A une époque plus avancée de la végétation, elle prend d'autres qualités : sa consistance augmente; on y trouve différentes substances qui s'y forment, telles que le sucre, l'albumine, etc.

Des expériences concluantes ont démontré que la marche de la séve, dans les vaisseaux séveux, se fait à travers les couches ligneuses et dans la partie la plus voisine de l'étui médullaire.

Lorsque la séve est parvenue vers les extrémités des branches, elle se répand dans les feuilles. Là elle se dépouille de la partie surabondante de principes aqueux qu'elle contient et des substances devenues étrangères à la nutrition ; elle prend des qualités nouvelles, et, suivant une route inverse de celle qu'elle vient de parcourir, elle redescend des feuilles vers les racines à travers le liber, en déposant sur son passage les substances destinées à entretenir et à fortifier le végétal.

Transpiration.

La transpiration ou évacuation aqueuse des végétaux est cette fonction par laquelle la séve, parvenue dans les organes foliacés, perd et laisse échapper la surabondance d'eau qu'elle contenait.

On distingue deux sortes de transpirations : la *transpiration insensible* et la *transpiration sensible*.

Dans la transpiration insensible, c'est sous forme de vapeur que l'eau s'exhale dans l'atmosphère. Quand la transpiration est faible, cette vapeur est absorbée par l'air à mesure qu'elle se produit ; mais, si la quantité augmente, on voit alors ce liquide transpirer sous forme de gouttelettes très-petites. Ainsi, on trouve fréquemment, au lever du soleil, des gouttelettes limpides qui pendent de la pointe des feuilles d'un grand nombre de végétaux ; les feuilles de *chou*, par exemple, en présentent de fort remarquables dans les enfoncements qui se trouvent à leur face supérieure. On a cru longtemps qu'elles étaient produites par la rosée, mais on a prouvé depuis qu'elles proviennent de la transpiration végétale condensée par la fraîcheur de la nuit.

En effet, après avoir coupé plusieurs de ces feuilles et les avoir pesées, on les a laissé reposer à l'abri de l'air, et au bout de quelques jours on a trouvé, en les pesant de nouveau, une notable diminution dans le poids.

Des remarques de ce genre sur des tiges en pleine végétation ont établi, par exemple, que le *tournesol* transpire en vingt-quatre heures dix-neuf fois autant qu'un homme.

La transpiration sensible, au contraire, est celle qui se produit sous des formes très-apparentes. C'est, en général, une matière très-abondante, résineuse ou gommeuse, que l'on voit sortir des plantes, et qui s'accumule et durcit à l'extérieur. C'est par cet appât que sont attirées les mouches et les abeilles que l'on voit venir souvent se fixer sur les feuilles des orangers, des saules, des frènes, qui excrètent la *manne*, lorsque cette substance est devenue plus liquide par la présence de la pluie et de la rosée.

Respiration.

C'est aujourd'hui un fait hors de doute que les végétaux respirent comme les animaux.

Le but de la respiration dans les animaux est de mettre, dans les poumons, le sang en contact avec l'air atmosphérique, afin qu'en absorbant une certaine quantité d'oxygène, il acquière les qualités nutritives qui lui sont nécessaires. Une semblable fonction se remarque dans les plantes.

La séve qui monte des racines, arrivée dans les feuilles, s'y trouve en contact avec l'air atmosphérique, en absorbe l'acide carbonique, le décompose, ainsi qu'une partie de l'air, sous l'influence de la lumière solaire, retient le carbone de l'acide carbonique et une petite proportion de l'oxygène de l'air [1], et, par son contact avec ces substances, se convertit en fluide capable de nourrir le végétal. Les feuilles, organes essentiels de la respiration, sont donc les analogues des poumons dans les animaux supérieurs.

Mais, de plus, les plantes ont des tubes ou vaisseaux aériens, appelés *trachées*, qui sont les conduits chargés de porter l'air dans toutes les parties du végétal, et font ainsi participer à la revivification les fluides qu'ils rencontrent.

Ici se place une remarque importante. Si, pendant le jour et sous l'action des rayons lumineux, les feuilles, en absor-

[1] En effet, nous avons dit précédemment que l'*acide carbonique* est un gaz composé de carbone et d'oxygène, et que l'air atmosphérique est un mélange d'oxygène, d'azote, d'acide carbonique et de vapeur d'eau.

bant l'acide carbonique, gardent pour la nutrition le carbone et exhalent l'oxygène, elles laissent, au contraire, pendant la nuit, échapper des parties d'oxygène combinées avec du carbone, c'est-à-dire de l'acide carbonique. C'est pour cette raison qu'il est dangereux de laisser séjourner pendant la nuit des fleurs dans les chambres à coucher.

LIVRE II.

ORGANES DE LA REPRODUCTION.

—

CHAPITRE I.

De la fleur.

Lorsqu'un végétal, par le développement de ses bourgeons, a donné naissance à des branches qui se sont couvertes de feuilles, on voit apparaître une série d'organes nouveaux, et alors commence pour lui une deuxième période d'activité vitale : la *floraison*, qui est en quelque sorte l'époque de puberté du végétal. A l'aisselle des feuilles qui garnissent le sommet des rameaux se montrent les *fleurs* : ce sont ces organes, que tout le monde connaît, dans lesquels vont se passer tous les mystères de la reproduction.

Comme les animaux, les fleurs se reproduisent par des germes organisés qu'on nomme des *embryons* ; et ceux-ci sont protégés par des membranes, appelées *ovules* ou œufs, qui les recouvrent entièrement. Ces ovules, parvenus à leur maturité, s'appellent *graines*. Les graines sont donc tout à fait identiques aux œufs des animaux, et leur caractère essentiel consiste dans l'embryon qu'elles contiennent.

Les graines sont renfermées dans un organe spécial destiné à les protéger ; cet organe s'appelle *carpelle*.

Mais l'embryon, pour se former, a besoin d'être soumis à l'influence spéciale d'un autre organe qui contient, à cet effet, une matière particulière. Cette matière, qui doit opérer la fécondation du germe, s'appelle le *pollen*, et le corps qui la renferme constitue l'*étamine*.

Les fleurs sont donc composées de deux parties principales, savoir : les organes femelles, contenant des graines : ce sont les *carpelles ;*

Les organes mâles, contenant la matière fécondante : ce sont les *étamines*.

Le plus souvent les étamines et les carpelles sont réunis sur un support commun ;

la fleur est alors nommée *hermaphrodite :* tels sont les roses, les jasmins. Quelquefois, au contraire, les sexes sont séparés, et la fleur est dite *unisexuée*, comme dans le saule, le maïs, etc. ; dans ce dernier cas, la fleur est mâle ou femelle, selon qu'elle ne renferme que des étamines ou des carpelles.

Ces sortes d'organes sont enveloppés de feuilles disposées sur deux rangs ; les plus intérieures sont ordinairement colorées, et souvent des nuances les plus brillantes : ce sont les *pétales*, dont l'ensemble est appelé la *corolle ;* les plus extérieures, ordinairement vertes et appelées *sépales,* constituent le *calice*.

La *fleur* se compose donc de parties essentielles formant quatre groupes circulaires ou *verticilles,* emboîtés les uns dans les autres : *calice, corolle, étamines* et *carpelles*.

Les fleurs sont le plus souvent *pédonculées,* c'est-à-dire munies d'un pédoncule ou support qui lui-même est un rameau dont l'extrémité libre, plus ou moins renflée, sert de point d'attache aux diverses parties qui composent la fleur, et porte le nom de *réceptacle*.

Plus rarement, le pédoncule n'existe pas et la fleur est *sessile*.

Nous avons dit que les organes reproducteurs, étamines et carpelles, sont protégés par deux enveloppes, dont la plus extérieure est le *calice* et l'autre la *corolle*; mais il existe un grand nombre de plantes qui n'ont qu'une seule enveloppe florale : telles sont le *daphné*, la *rhubarbe*, le *sarrasin*, le *lis*, la *tulipe*. On a beaucoup discuté pour savoir si cette enveloppe devait être appelée une corolle ou un calice ; mais on est d'accord aujourd'hui pour la considérer comme un simple *calice*.

Après ces considérations générales, étudions chacune des parties constituantes de la fleur.

Calice.

Le calice est composé de plusieurs pièces représentant autant de feuilles plus ou moins modifiées, nommées *sépales*. Tantôt les sépales sont libres et parfaitement distincts les uns des autres ; tantôt ils sont soudés entre eux, dans une étendue plus ou moins grande. Dans le premier cas, le calice est *polysépale*, comme celui de la giroflée ; dans le second cas, on le nomme *gamosépale*, comme celui de l'*œillet*, de la *rose*, du *mouron*.

Le calice est ordinairement d'un vert foliacé, et présente la même structure que les feuilles ; quelquefois cependant il est coloré de diverses manières, et il offre les caractères extérieurs de la corolle, comme dans le lis, la jacinthe, la tulipe, l'iris.

Quant aux formes que peut présenter le calice, elles sont très-nombreuses et variées. Ainsi, il peut être *cylindrique*, *campanulé* ou en forme de cloche, *turbiné* ou en forme de poire, *vésiculeux*, *prismatique*, *anguleux*, *strié*, etc.

Corolle.

La *corolle* est l'enveloppe intérieure de la fleur. Elle est d'un tissu plus mou, plus délicat que celui du calice, et présente ordinairement des couleurs très-variées. Comme le calice, la corolle est composée de *pétales* qui ne sont encore que des feuilles modifiées.

Les pétales, comme les sépales du calice,

peuvent rester libres et distincts, ou se souder ensemble et former un tout continu. Dans le premier cas, la corolle est *polypétale*; elle est *gamopétale* dans le second.

La corolle polypétale a reçu différents noms, selon la forme qu'elle présente; elle est dite *cruciforme, rosacée,. papilionacée*, etc.

La corolle gamopétale porte aussi divers noms tirés des analogies de sa forme; elle est : *tubuleuse, campanulée, rotacée, labiée*, etc., selon qu'elle ressemble à un tube, à une cloche, à une roue, à des lèvres, etc.

Etamines.

Les étamines, ou organes mâles des végétaux, se composent de deux parties : l'*anthère* et le *filet*.

L'*anthère* est un petit sac membraneux, quelquefois simple, mais ordinairement double ou à deux loges, très-rarement à quatre.

L'anthère contient le *pollen* ou matière séminale des végétaux. A l'époque de la fécondation, les loges de l'anthère s'ouvrent pour laisser échapper cette matière, qui est sous la forme d'une poussière très-fine.

La forme des anthères est généralement allongée ; mais elle peut être ovoïde, globuleuse, cordiforme, etc. Les anthères d'une même fleur se soudent quelquefois entre elles de manière à former un tube cylindrique.

Le *filet* est le support de l'anthère. Il est ordinairement sous la forme d'un filament cylindrique ou légèrement aminci de la base au sommet. Quelquefois, au contraire, il est élargi à la manière des pétales, avec lesquels il a beaucoup d'analogie.

Les filets des étamines se soudent quelquefois ensemble en un ou plusieurs faisceaux désignés sous le nom d'*androphores*. Lorsque tous ces filets ne forment qu'un seul faisceau, les étamines sont dites *monadelphes*, exemples : la *mauve*, la *rose trémière*. Lorsqu'ils se soudent en deux faisceaux distincts, comme dans la *fumeterre*, le *haricot*, les étamines sont dites *diadelphes*. Enfin elles sont *polyadelphes*, comme dans le *millepertuis*, quand les filets forment trois ou un plus grand nombre de faisceaux.

Le filet manque quelquefois ; on dit alors

que l'anthère est *sessile*; exemple, l'*aristoloche*.

Le nombre des étamines que peut contenir une fleur est extrêmement variable. Certaines fleurs n'en renferment qu'une, exemples : le *saule*, la *valériane rouge*; d'autres en portent plusieurs centaines, comme le *pavot*, les *cactus*, les *pivoines*.

Carpelles.

Ce sont les organes femelles des fleurs. On distingue dans une carpelle trois parties, savoir : l'*ovaire* ou cavité close, renfermant les ovules ou rudiments des graines; le *style*, qui est un prolongement du sommet de l'ovaire, et le *stigmate*, qui termine le style.

Lorsqu'il existe plusieurs carpelles au centre d'une fleur, elles peuvent rester libres et distinctes les unes des autres, ou se souder ensemble plus ou moins complétement. Il résulte de cette soudure un corps unique que l'on appelle le *pistil*.

Examinons en particulier chacune de ces trois parties.

L'*ovaire* est, dans le pistil, la partie inférieure et la plus renflée, qui fait corps avec la plante, et dans laquelle sont renfermés les *ovules*, qui doivent plus tard devenir des graines servant à reproduire la plante.

L'ovaire est, suivant l'espèce, composé d'une ou de plusieurs cavités particulières que l'on appelle *loges*, et qui contiennent les ovules ; dans ce cas on dit qu'il est *uniloculaire, biloculaire, triloculaire* et *multiloculaire*, selon qu'il contient une, deux, trois ou un plus grand nombre de loges.

Le *style* est un petit corps cylindrique, plus ou moins allongé, qui surmonte l'ovaire ; il fait suite à la nervure moyenne de la feuille carpellaire, dont il n'est qu'un prolongement, et se termine par le *stigmate*. Quelquefois il manque complétement, et le stigmate est dit alors *sessile*.

Lorsque l'ovaire est simple, c'est-à-dire formé par un seul carpelle, le style est toujours simple lui-même ; mais lorsque l'ovaire est composé, il existe toujours autant de styles que de carpelles.

Le *stigmate* est un corps glandulaire qui termine le style, quand celui-ci existe, ou qui repose immédiatement sur l'ovaire quand le style manque. On trouve toujours autant de stigmates que de styles ou de carpelles ; comme ces dernières, ils sont libres ou soudés en une seule masse.

La forme du stigmate est extrêmement variable : il peut être globuleux, cylindrique, ovoïde, aplati, en forme d'hélice, de bouclier, de plume, de languette, etc. ; mais, quelle que soit sa forme, sa surface est toujours irrégulière et glanduleuse, et le plus souvent elle est recouverte d'un enduit légèrement visqueux, principalement à l'époque de la fécondation.

CHAPITRE II.

Inflorescence.

L'*inflorescence*, qu'il ne faut pas confondre avec la *floraison*, est la disposition que prennent les fleurs sur la tige ou sur les rameaux.

Il y a deux sortes d'inflorescence : l'inflorescence *définie* et l'inflorescence *indéfinie* ou *axillaire*.

L'inflorescence est *définie* lorsque la tige

ou le rameau se termine par une fleur qui arrête nécessairement son développement.

L'inflorescence est *indéfinie* lorsque les fleurs naissent de l'aisselle des feuilles.

On a donné des noms particuliers aux divers modes de groupement des fleurs.

A l'inflorescence définie appartient la *cyme*, dans laquelle la tige et les rameaux se terminent chacun par une fleur qui porte à sa base deux ou plusieurs feuilles opposées ou verticillées, de l'aisselle desquelles naissent de nouvelles fleurs disposées comme les premières, et ainsi de suite. Telle est la disposition que l'on observe dans l'*aubépine* et dans un grand nombre d'autres plantes.

A l'inflorescence indéfinie appartiennent l'*épi*, le *chaton*, le *spadice*, le *cône*, le *capitule*, la *grappe*, la *panicule*, le *thyrse*, le *corymbe* et l'*ombelle*.

L'*épi* est un mode d'inflorescence dans lequel l'axe primaire ou pédoncule porte latéralement une suite de petites écailles ou bractées, dont chacune présente à son aisselle une fleur sessile; exemples : le *blé*, l'*orge*, le *seigle*, le *plantain*, etc.

Le *chaton* n'est qu'un épi composé de fleurs unisexuées, mâles ou femelles, et dont l'axe est articulé de manière à pouvoir se détacher et tomber en entier après la floraison. Ce mode d'inflorescence appartient principalement à la famille des amentacées, laquelle est composée d'arbres plus ou moins élevés, tels que les *saules*, les *peupliers*, les *chênes*, les *hêtres*.

Le *spadice* est une espèce de chaton dont l'axe, chargé de fleurs unisexuées, est épais et charnu, et enveloppé par une grande bractée ou *spathe*, qui le recouvre entièrement avant l'épanouissement des fleurs : exemple, le *maïs*.

Le *cône* est encore une variété du chaton, dans laquelle les écailles qui accompagnent les fleurs femelles sont très-développées et souvent ligneuses ; exemples : le *pin*, le *sapin*, les *mélèzes*, et autres arbres de la famille des *conifères*.

Le *capitule* est composé d'un grand nombre de petites fleurs portées par un axe commun, déprimé et élargi à son sommet de manière à former une tête globuleuse ou hémisphérique entourée d'un involucre. Cette inflorescence appartient aux plantes de la famille des *synanthérées* ou des *dipsacées*, telles que le *chardon*, l'*artichaut*, le grand *soleil*, la *scabieuse*, etc.

La *grappe* est une inflorescence dans laquelle l'axe primaire ou pédoncule, au lieu de porter directement les fleurs, se divise en axes secondaires, simples ou composés, terminés par des fleurs ; exemples : la *vigne*, le *groseillier*, le *cassis*, le *marronnier d'Inde*.

La *panicule* est une variété de la grappe dans laquelle les divisions secondaires sont lâches, allongées et très-écartées les unes des autres ; telles sont les fleurs de l'*avoine*, de l'*agrostide*, de la *canne*, etc.

Le *thyrse* est une espèce de grappe dont les ramifications de la partie moyenne sont plus développées que celles de la base ou du sommet, ce qui donne à cette inflorescence une forme plus ou moins ovoïde. Le *lilas* offre un très-bel exemple du thyrse.

Le *corymbe* se compose de ramifications simples ou divisées, partant de divers points de l'axe primaire, mais qui toutes arrivent à la même hauteur, où elles forment un groupe de fleurs à surface plane ou légèrement convexe ; exemples : le *millefeuille*, le *sorbier*, le *sureau*.

L'*ombelle* est un mode d'inflorescence dans lequel les divisions du pédoncule, nommées *rayons* de l'ombelle, partent toutes du sommet tronqué du pédoncule, et qui, arrivées à la même hauteur, se subdivisent en un certain nombre de nouveaux rayons, portant chacun une fleur à son extrémité. L'ensemble des fleurs présente ainsi une surface plane ou légèrement bombée, ressemblant à un parasol (*umbella*), d'où lui vient son nom. Ce mode d'inflorescence caractérise une famille entière, celle des ombellifères.

CHAPITRE III.

Du fruit.

Le fruit n'est autre chose que l'ovaire fécondé et parvenu à sa maturité. Il se compose de deux parties principales : le *péricarpe* et la *graine*.

Le PÉRICARPE est la partie du fruit qui enveloppe la *graine*. Il se subdivise en *épicarpe, mésocarpe* et *endocarpe*.

L'*épicarpe* est la partie extérieure, vulgairement appelée la *peau*, comme dans la *pêche*, la *pomme*.

Le *mésocarpe* est la partie intermédiaire,

appelée la *chair*, comme dans la *prune* et le *coing*, ou la *pulpe*, comme dans la *groseille*, le *raisin* et l'*orange*.

L'*endocarpe* est la partie tout à fait intérieure, immédiatement appliquée contre la graine, dans le but de la préserver de toute atteinte, et vulgairement appelée le *pepin*, comme dans la *poire* et la *pomme*, ou le *noyau*, comme dans l'*abricot* et la *cerise*.

Le péricarpe comprend encore les *valves*, les *sutures*, les *cloisons* et les *loges*, qui constituent ses différentes parties et leurs séparations.

La GRAINE comprend aussi deux parties bien distinctes : l'*épisperme* et l'*amande*.

L'*épisperme* est le tégument, vulgairement appelé *peau*, qui sert d'enveloppe à l'amande proprement dite, et qui adhère d'autant plus que le fruit est plus avancé en maturité.

L'*amande*, qui contient le *germe*, constitue ce que l'on appelle le *corps cotylédonaire*, et est composée soit d'un seul *lobe* ou *cotylédon*, soit de deux, entre lesquels se trouve le germe, qu'on appelle encore la *plantule*.

Dans le premier cas, la plante n'ayant

qu'un seul cotylédon est dite *monocotylédonée ;* dans le second, elle est *dicotylédonée.*

Il y a encore un troisième cas, c'est celui où la plante est privée de cotylédon ; on la nomme alors *acotylédonée.*

Cette distinction est de la plus haute importance, car elle fournit un caractère de première valeur pour la classification naturelle des plantes. En effet, les végétaux monocotylédonés et les dicotylédonés ne diffèrent pas seulement par la structure de leur embryon, mais encore par l'organisation particulière de toutes les parties qui les constituent.

Enfin, le *germe* lui-même contient deux organes principaux bien distincts :

La *radicule,* qui est le principe des racines de la nouvelle plante, et qui se tourne toujours dans le sol de manière à s'enfoncer dans la terre ;

Et la *plumule,* qui est le principe de la tige et des feuilles primordiales, et qui se tourne toujours dans le sol de manière à s'élever vers le ciel.

Nous remarquerons ici que telle est la puissance mystérieuse qui fait prendre ces directions à ces deux parties que si, avant le développement de la graine, on la place avec intention dans le sol, en mettant la radicule en haut et la plumule en bas, la graine se retournera bientôt d'elle-même pour germer. De même, si l'on arrache de terre un jeune arbre et qu'on l'y enfonce de nouveau par les branches, on verra la séve changer de direction et les branches fournir des racines, tandis que les racines produiront des feuilles.

Comme la graine est destinée à se séparer plus tard de la plante, la nature lui a donné des organes de nutrition qui lui sont propres et qui lui permettent d'exister lorsqu'elle n'a plus de rapport avec la plante mère ; ces organes sont les *cotylédons*, dont nous venons de parler, et qui contiennent des parties très-lâches ou des réservoirs dans lesquels sont des espèces de petites éponges remplies de sucs laiteux qu'ils communiquent aux germes.

Par suite de leur destination à l'égard de la plante, les cotylédons, dès que le germe est assez développé pour n'avoir plus besoin d'assistance, se fanent et périssent ; ainsi la graine ne prend pas sa première nourriture ou ses premiers sucs dans la terre ; ce n'est que lorsqu'elle est ouverte et a pris racine qu'elle commence à y puiser ses aliments.

Les fruits reçoivent différents noms selon leur structure, qui est très-variable. Ainsi, pour citer quelques exemples :

Le *caryopse* est un fruit à une seule graine dont le péricarpe est intimement soudé et confondu avec la graine : c'est le fruit de toutes les plantes de la famille des graminées : le *blé*, l'*orge*, l'*avoine*, le *riz*, le *maïs*, le *seigle*, etc.

L'*akène* est un fruit dont le péricarpe est distinct de la graine et peut en être facilement séparé : tels sont les fruits du grand *soleil*, de l'*oseille*, des *chardons*, de la *renoncule*, etc.

La *samare* est un fruit à une seule loge, contenant une ou plusieurs graines, et dont le péricarpe s'étend latéralement en une lame ou aile membraneuse, plus ou moins développée ; exemple : le fruit de l'*érable* et celui de l'*orme*.

La *gousse* ou *légume* contient une simple rangée de graines, mais s'ouvre en deux *valves* par deux fentes longitudinales, tels que le *pois*, la *fève*, le *haricot*, le *lotier*.

Les *fruits simples charnus* sont ceux

dont le mésocarpe est très-developpé et charnu, et dont l'endocarpe est transformé en noyau. Ils sont de deux espèces : les fruits à noyaux (la *prune*, la *pêche*, la *cerise*), que l'on désigne sous le nom générique de *drupes*, et les *noix*, dont le mésocarpe est moins développé et plus coriace, comme dans les fruits de l'amandier, du noyer, du cocotier, etc.

Fruits composés charnus. Ils se divisent en cinq espèces : la *baie*, où nous trouvons le *raisin*, les *groseilles*, la *belladone*; la *nuculaine*, fruit qui contient plusieurs petits noyaux ; exemple : le fruit du *sureau*, du *lierre*, etc. ; la *péponide*, fruit volumineux, à chair épaisse, avec une cavité au centre, et portant un grand nombre de graines : tels sont le *melon*, le *potiron*, le *concombre*, etc.; la *mélonide* (*pommes*, *poires*, *nèfles*), et l'*hespéridie*, fruit divisé intérieurement en plusieurs loges remplies par des vésicules succulentes, et séparées les unes des autres par un endocarpe membraneux; exemples : l'*orange*, le *citron*, et ceux de tous les arbres de la même famille.

Le *gland* est le fruit du chêne, du noisetier, du châtaignier, etc. Sa base est ordinairement entourée d'un involucre écailleux ou foliacé, nommé *cupule*. Dans le châtaignier, l'involucre enveloppe complétement le fruit et prend l'aspect d'un péricarpe.

La *capsule* est un fruit qui appartient à beaucoup de plantes. Elle est constamment formée par plusieurs carpelles soudés ensemble, de manière à former un péricarpe à une ou plusieurs loges, contenant un assez grand nombre de graines ; exemples : le *pavot*, le *lis*, etc.

LIVRE III.

CLASSIFICATION.

On a divisé le règne végétal en trois grands embranchements, d'après la structure de l'embryon. Ces embranchements sont :

1º Les ACOTYLÉDONES, comprenant toutes les plantes dépourvues d'embryon et par conséquent de cotylédon (les champignons, lichens, fougères, etc.);

2º Les MONOCOTYLÉDONES, comprenant toutes les plantes dont l'embryon n'a qu'un seul cotylédon (graminées, palmier, liliacées, asparaginées, etc.);

3º Les DICOTYLÉDONES, comprenant toutes les plantes dont l'embryon a deux cotylédons (labiées, solanées, jasminées, ombellifères, etc.).

Ces trois embranchements sont divisés

en quinze classes, d'après des caractères de second ordre, tirés de l'insertion des étamines et de la forme de la corolle ; ces quinze classes sont partagées ainsi :

L'embranchement des ACOTYLÉDONES, étant composé de plantes qui n'ont pas de fleurs distinctes, ne forme qu'une classe, l'*acotylédonie* ;

L'embranchement des MONOCOTYLÉDONES forme trois classes, selon que les étamines sont hypogynes, périgynes ou épigynes, c'est-à-dire suivant qu'elles sont insérées au-dessous de l'ovaire, ou sur le calice, un peu au-dessus de l'ovaire, ou enfin sur l'ovaire même. Ces trois classes sont : la *monohypogynie*, la *monopérigynie*, la *monoépigynie* ;

L'embranchement des DICOTYLÉDONES, qui a d'abord été subdivisé en trois groupes secondaires, savoir : les dicotylédones *apétales* ou sans corolle, les dicotylédones *gamopétales* et les dicotylédones *polypétales*, suivant que la corolle est composée d'une seule ou de plusieurs pièces ; cet embranchement comprend : trois classes dans les dicotylédones apétales, *épistaminie*, *péristaminie*, *hypostaminie* ; quatre classes dans les dicotylédones gamopétales, *hypo-*

corollie, *péricorollie*, *synanthérie*, *corysanthérie* ; et trois classes dans les dicotylédones polypétales, *épipétalie*, *hypopétalie*
et *péripétalie*.

Enfin, une quinzième et dernière classe,
la *diclinie*, comprend toutes les plantes à
fleurs unisexuées ou *diclines*, le plus souvent placées sur des pieds différents.

Ces quinze classes sont ensuite subdivi-
sées en familles, les familles en genres, les
genres en espèces et les espèces en variétés, d'après des caractères de moins en
moins généraux et subordonnés les uns
aux autres. Nous allons décrire quelques-
unes des familles comprises dans chacune
de ces quinze classes, en ayant soin de choi-
sir nos exemples parmi les plantes les plus
connues et les plus importantes de notre
pays.

PREMIER EMBRANCHEMENT.

Acotylédones.

—

PREMIÈRE CLASSE.

ACOTYLÉDONIE.

Les principales familles de cette classe sont celles des *fougères*, des *mousses*, des *algues*, des *lichens* et des *champignons*. Nous nous occuperons très-succinctement de chacune d'elles.

Les *fougères* sont des plantes vivaces à feuilles simples et roulées en crosse avant leur épanouissement. Les corps ou corpuscules reproducteurs sont logés dans de petites capsules groupées sur la face intérieure des feuilles ; exemples : la *scolopendre*, la *fougère mâle* et le *capillaire*, que l'on emploie en médecine, les deux premières comme vermifuges, la dernière comme adoucissant.

Les *mousses* sont de petites plantes à tige grêle, simple ou rameuse, dont les *spores* sont contenus dans des capsules ayant souvent la forme d'une petite urne. Tout le monde les connait.

Les *algues* sont des plantes aquatiques, se présentant sous la forme de filaments simples ou rameux. L'algue marine porte le nom de *varech*. Cette dernière, qui porte aussi le nom de *fucus*, donne, par l'incinération, de la soude et de l'iode.

Les *lichens*, que l'on pourrait appeler les algues terrestres, sont des plantes parasites qui vivent sur l'écorce des arbres, sur la terre humide, sur les murs, sur les rochers. Ils se présentent sous la forme de croûtes sèches, de couleur verte ou jaune, quelquefois grise ou blanchâtre. Le lichen d'Islande est fréquemment employé en médecine comme tonique et adoucissant.

Les *champignons* sont des végétaux terrestres qui croissent particulièrement dans les lieux humides et ombragés.

Ce que l'on considère souvent comme le champignon tout entier n'est, pour ainsi dire, que son inflorescence, tandis que la partie essentielle et vivace de la plante est souterraine.

La famille des champignons présente des espèces qui recèlent de violents poisons, et malheureusement aucun caractère positif ne peut servir à les distinguer des espèces comestibles. C'est ici le cas, ou jamais, de pratiquer la maxime : *Dans le doute abstiens-toi*.

DEUXIÈME EMBRANCHEMENT.

Monocotylédones.

—

DEUXIÈME CLASSE.

MONOHYPOGYNIE. — Famille des Graminées.

Cette famille forme un des groupes les plus naturels du règne végétal. Toutes les plantes qui la composent ont un port et une physionomie caractéristiques. La racine est fibreuse. La tige est un chaume généralement fistuleux, portant de distance en distance des nœuds pleins, d'où partent des feuilles alternes, sessiles et engaînantes. Les fleurs sont solitaires ou réunies en petits groupes, nommés *épillets*, lesquels sont disposés à leur tour en épis ou en panicules. Le fruit est une *caryopse*, c'est-à-dire que le péricarpe se confond avec le tégument de la graine. L'embryon a la forme d'un petit disque appliqué sur la partie inférieure d'un périsperme farineux.

La famille des graminées est certainement la plus utile à l'homme ; elle renferme les *céréales* (*blé*, *orge*, *seigle*, *avoine*, *maïs*, *riz*), qui forment presque partout la base de son alimentation.

Après les céréales viennent d'autres graminées importantes au point de vue de leurs applications : ce sont la *canne à sucre*, le *roseau*, le *sorgho*, le *millet*, le *chiendent* et le *bambou*.

TROISIÈME CLASSE.

MONOPÉRIGYNIE.

Familles des Palmiers et des Joncées.

Tout le monde connaît ces plantes herbacées à *chaume* cylindrique et à feuilles alternes et engaînantes, que l'on appelle des *joncs*, type de la famille des joncées ; nous ne parlerons donc que des palmiers.

Ce sont, en général, de grands arbres dont la tige, que l'on appelle *stipe*, est couronnée par un faisceau de feuilles très-grandes, simples ou composées, quelquefois plissées en forme d'éventail. Les fleurs, hermaphrodites ou unisexuées, sont groupées en *chatons* nommés *régimes*, et entourées d'une *spathe* coriace et quelquefois ligneuse. Le fruit est un *drupe* ou une *noix*. Les espèces principales sont :

Le *dattier*, le *sagoutier*, le *cocotier*, le *chou-palmiste*, le *rotang* des Indes, dont on fabrique divers ouvrages, tels que des nattes, des siéges, des cannes. C'est à la famille des palmiers qu'appartiennent les végétaux les plus élevés. On cite le *palmier cirier* des Cordillères, dont le stipe peut atteindre une hauteur de soixante-dix mètres. L'Europe ne possède de cette famille que le *palmier éventail*.

Famille des Liliacées.

La famille des *liliacées* appartient aussi à la monopérigynie. Ses diverses espèces, *lis, tulipe, fritillaire, asphodèle, jacinthe*, ornent nos jardins; l'*ail commun*, l'*oignon*, l'*échalote*, le *poireau* sont employés dans l'économie domestique, ainsi que les *aloès*, dont le suc épaissi est très-utile en médecine.

Caractères principaux :

Plantes herbacées, à racine bulbiforme ou fibreuse. Feuilles sessiles. Fleurs solitaires et quelquefois réunies en grappes ou épis. Calice coloré et pétaloïde, formé de six sépales distincts ou unis par leur base. Le fruit est une capsule. L'ovaire est libre.

A côté des liliacées se trouvent les *asparaginées*, qui n'en diffèrent que par leur fruit, qui est une baie au lieu d'une capsule. A ces dernières appartiennent l'*asperge* commune, la *squine* et la *salsepareille*, plantes médicinales.

Les *narcissées* ne diffèrent des *liliacées* que par leur ovaire, qui est infère et adhérent au calice. Elles comprennent les *narcisses*, les *amaryllis*, les *ananas*.

QUATRIÈME CLASSE.

MONOÉPIGYNIE.

Famille des Iridées.

Cette famille se compose de plantes herbacées à souche tubéreuse et charnue, à feuilles alternes, aplaties et engaînantes. Les fleurs sont enveloppées, avant leur épanouissement, dans une spathe membraneuse. Les étamines, au nombre de cinq, sont insérées à la base des divisions externes.

Le genre *iris*, qui forme le type de cette famille, renferme plusieurs espèces cultivées comme plantes d'agrément. Les parfumeurs font un grand usage de l'*iris de Florence*, dont la souche, en se desséchant, acquiert une odeur analogue à celle de la violette.

Le jaune intense que les teinturiers tirent du *safran* est fourni par les stigmates de cette plante.

Parmi les plantes d'ornement cultivées dans les jardins, cette famille renferme les *glaïeuls*, dont la plupart des espèces sont originaires de l'Afrique australe.

TROISIÈME EMBRANCHEMENT.

Dicotylédones apétales.

—

CINQUIÈME CLASSE.

ÉPISTAMINIE. — Famille des Amentacées.

Tous les végétaux appartenant à cette famille sont des arbres ou des arbrisseaux à feuilles alternes, simples et munies de deux stipules caduques à leur base. Les fleurs, unisexuées, sont monoïques ou dioïques, c'est-à-dire que les fleurs mâles et les fleurs femelles se montrent tantôt sur un seul individu, et tantôt sur des individus distincts. Les fleurs mâles sont en chaton, les fleurs femelles en capitules ou solitaires. Le fruit est un gland, toujours muni d'une cupule qui souvent le recouvre entièrement, à la manière d'un péricarpe, comme le font voir le *hêtre* et le *châtaignier*. La graine contient un embryon volumineux, dépourvu d'endosperme. Cette famille renferme plusieurs sections, telles que : 1° les ULMACÉES : *orme*, etc. ; 2° les CELTIDÉES : *micoucoulier*, etc. ; 3° les SALICINÉES : *peuplier, saule* ; 4° les MYRICÉES : *cirier*, etc. ; 5° les BÉTULINÉES : *aune, bouleau* ; 6° les PLATANÉES : *platane* ; 7° les CUPULIFÈRES : *chêne, hêtre, charme, noisetier* ; 8° les JUGLANDÉES : *noyer*, etc. Nous arrêterons là cette nomenclature, qui nous conduirait trop loin.

SIXIÈME CLASSE.

PÉRISTAMINIE.

Famille des Polygonées.

Des végétaux qui forment cette famille, les uns herbacés, les autres ligneux, ont les feuilles alternes ou opposées. Les fleurs, toujours petites, sont disposées en grappes rameuses. Le fruit est une baie ou un akène. Les genres principaux sont les RENOUÉES : le *sarrasin*, l'*oseille*, la *rhubarbe*.

Certains botanistes ont réuni à cette famille celle des *Chenopodées*, à laquelle appartiennent les *arroches* ; l'*épinard*, dont les feuilles, soumises à la cuisson, forment un aliment très-usité; la *bette;* la *betterave*, qui donne une racine volumineuse et succulente, d'où l'on extrait du sucre et de l'alcool, etc.

SEPTIÈME CLASSE.

HYPOSTAMINIE.

Famille des Conifères.

Comme celle des amentacées, cette famille ne renferme que des végétaux ligneux, du genre de ceux que l'on désigne plus particulièrement sous le nom d'*arbres verts résineux*. Les feuilles sont le plus souvent étroites, linéaires et fasciculées; elles sont généralement persistantes, et conservent en toute saison leur coloration verte. Les fleurs sont unisexuées, monoïques ou dioïques. Les fleurs mâles consistent en une ou plusieurs étamines, souvent groupées en épis ou en chatons écailleux. Les fleurs femelles sont presque toujours disposées en un cône plus ou moins allongé et composé d'écailles imbriquées; chacune d'elles est formée d'un ovaire à une seule loge contenant un ovule. Le fruit est généralement un cône à écailles sèches, ligneuses et distinctes ; quelquefois cependant il ressemble à une espèce de baie qui résulte de la soudure des écailles restées charnues, comme dans le *cyprès*.

Tous les végétaux de cette famille renferment des matières résineuses que tiennent en dissolution des huiles essentielles.

Ces matières, variables selon les espèces, sont répandues dans tous les organes, mais principalement dans de grandes lacunes que présente l'écorce.

Les végétaux les plus remarquables parmi les conifères sont les *pins*, et en particulier le *pin maritime*, qu'on cultive en grand dans les Landes et aux environs de Bordeaux, et qui fournit différentes résines, telles que la térébenthine, la colophane, la poix noire et le goudron ; les *sapins*, dont le bois est employé avec avantage dans les constructions navales, la charpente et la menuiserie, à cause de sa légèreté et d'un certain degré d'imperméabilité à l'eau, que lui donne sa nature résineuse ; le *cèdre du Liban*, l'un des plus grands et des plus beaux arbres qui existent ; le *genévrier*, dont les

fruits servent à aromatiser certaines liqueurs fort en usage en Angleterre et en
Hollande ; les *cyprès*, que l'on cultive dans
les cimetières à cause de leur feuillage
sombre et de leur aspect mélancolique, etc.

HUITIÈME CLASSE.

HYPOCOROLLIE.

Familles des Solanées et des Labiées.

Solanées. Cette famille se compose d'un
grand nombre de plantes herbacées et
de quelques arbustes et arbrisseaux. Les
feuilles, simples ou découpées, sont alternes. Les fleurs, souvent très-grandes,
sont solitaires ou diversement groupées. Le
fruit est une capsule ou une baie. Les
graines ont un embryon recourbé et recou-
vert d'un périsperme charnu.

Les solanées ont un aspect triste, dû à
la teinte sombre et livide de leur feuillage.
Quelques espèces sont alimentaires; d'autres, en plus grand nombre, sont vénéneuses.

Parmi les espèces alimentaires, nous citerons en première ligne la *pomme de terre*, qui a été apportée d'Amérique en 1586, et dont les tubercules souterrains sont, après les céréales, l'aliment le plus répandu. Ces tubercules servent à la fabrication de l'amidon, de la glucose et de l'alcool. Viennent ensuite, dans la même catégorie, la *tomate*, l'*aubergine* et le *piment*.

Parmi les espèces vénéneuses se trouvent en première ligne : la *belladone*, la *jusquiame*, la *stramoine*, et le *tabac*.

La famille des solanées renferme encore quelques plantes dont les propriétés sont beaucoup moins énergiques, mais que l'on emploie en médecine : telles sont la *morelle* et la *douce-amère*.

Les *borraginées*, qui forment une famille voisine des solanées, ont toutes les parties des fleurs au nombre de cinq, excepté celles de l'ovaire, qui est libre. Le fruit est formé de quatre akènes, au fond d'un calice persistant. C'est à cette famille qu'appartiennent la *bourrache*, la *vipérine*, le *myosotis*, l'*héliotrope*, etc.

Labiées. Cette famille est l'une des plus nombreuses et des mieux organisées du règne végétal ; elle se compose de végétaux herbacés et quelquefois sous-ligneux, à tige carrée, à feuilles simples et opposées. Les fleurs sont groupées à l'aisselle des feuilles. Le fruit se compose de quatre akènes situés au fond d'un calice persistant.

Toutes les plantes de cette famille sont aromatiques et stimulantes; les espèces principales sont :

La *sauge officinale*, le *romarin*, la *lavande*, le *thym*, la *menthe*, la *mélisse*, l'*hysope*, le *lamier*, la *sarriette*, la *sauge*, le *mélilot*, etc.

NEUVIÈME CLASSE.

PÉRICOROLLIE.

Famille des Ericinées ou Bruyères.

Les éricinées sont des arbustes ou des arbrisseaux à feuilles simples, alternes, et ordinairement très-petites.

Les plantes de cette famille sont surtout remarquables par l'élégance de leur port, la belle couleur et la permanence de leurs fleurs. Les espèces principales sont : les *bruyères*, la *busserolle*, les *myrtilles* et la *pyrole*.

DIXIÈME ET ONZIÈME CLASSES.

ÉPICOROLLIE.

(Comprenant la synanthérie et la corysanthérie.)

Famille des Composées.

Cette famille est celle qui renferme le plus grand nombre d'espèces, répandues sur toute la surface du globe ; elle se compose de végétaux herbacés ou ligneux, d'arbustes, et d'arbrisseaux. Les feuilles sont alternes et rarement opposées. Les fleurs, très-petites, sont réunies en capitules sur un réceptacle commun, dont la base est entourée d'un involucre. Le calice, adhérent à l'ovaire, présente un limbe denté, écailleux ou composé de poils formant une aigrette qui couronne la graine. La corolle est tantôt régulière, tubuleuse et à cinq dents, tantôt irrégulière et déjetée latéralement en languette. Les fleurs à corolle régulière sont appelées *fleurons ;* celles dont la corolle est irrégulière ou en languette portent le nom de demi-fleurons.

Le fruit est un akène, tantôt uni, tantôt couronné par une aigrette de poils simples ou plumeux. La graine contient un embryon sans périsperme et souvent oléagineux.

Cette grande famille se divise naturellement en trois tribus :

Les *carduacées*, dont toutes les fleurs sont des fleurons ;

Les *chicoracées*, dont toutes les fleurs sont des demi-fleurons,

Et les *corymbifères*, dont les capitules se composent de fleurons au centre et de demi-fleurons à la circonférence.

Elle renferme beaucoup d'espèces employées en médecine et dans l'économie domestique, ou cultivées dans les jardins comme plantes d'ornement.

Dans la tribu des *carduacées* se trouvent : l'*artichaut*, dont on mange le réceptacle, et la base des bractées, formant l'involucre ; le *carthame* ou safran bâtard, qui fournit aux teinturiers deux principes colorants, l'un rouge, l'autre jaune ; la *bardane*, la *centaurée*, la *tanaisie*, l'*armoise*, l'*absinthe*, qui sont des plantes médicinales.

Dans la tribu des *chicoracées* se rencontrent la *chicorée*, la *laitue*, le *salsifis* et la *scorzonère*.

Dans la tribu des corymbifères se trouvent la *pâquerette* ou *petite marguerite*, le *chrysanthème* ou *grande marguerite*, le *souci*, les *coréopsis*, le grand *soleil* et les *dahlias*, qui font l'ornement de nos jardins ; le *topinambour*, dont la racine fournit des tubercules alimentaires, charnus et rougeâtres extérieurement ; le *seneçon*, l'*arnica*, la *camomille* et la *matricaire*, plantes médicinales contenant des principes amers et aromatiques.

DOUZIÈME CLASSE.

ÉPIPÉTALIE.

Famille des Ombellifères.

Les ombellifères sont des plantes herbacées, à tige souvent fistuleuse, à feuilles alternes, ordinairement découpées ou décomposées en folioles étroites. Les fleurs, toujours petites, blanches ou jaunes, sont disposées en ombelles, caractère qui a fait donner à cette famille le nom qu'elle porte.

Le fruit se compose de deux akènes, qui se séparent à la maturité. La graine contient un périsperme assez volumineux, et un très-petit embryon fixé à sa partie supérieure.

La famille des ombellifères, quoique très-naturelle, présente cependant des propriétés très-diverses. Ainsi, on y trouve des plantes alimentaires, comme la *carotte*, le *panais*, le *céleri*, l'*angélique;* des plantes aromatiques, telles que le *persil*, le *cerfeuil*, la *coriandre;* des plantes médicinales, comme l'*anis*, le *fenouil*, l'*assafœtida*, le *didisque bleu*, la *grande* et la *petite ciguë*. Ces deux dernières plantes sont, comme on le sait, des poisons très-violents.

TREIZIÈME CLASSE.

HYPOPÉTALIE.

Famille des Crucifères. — Familles des Malvacées, des Renonculacées, des Nymphéacées, des Papavéracées.

La famille des *crucifères*, l'une des plus grandes et des plus importantes du règne végétal, se compose de plantes généralement herbacées.

Les feuilles, entières ou profondément découpées, sont alternes et sans stipules. Les fleurs sont en épi, en grappe ou en panicule. Le calice est formé de quatre sépales caducs; la corolle, de quatre pétales onguiculés et disposés en croix, d'où le nom de *crucifère* (porte-croix) donné à cette famille. Le fruit est une silique ou une silicule à deux loges séparées par une fausse cloison. Les graines, dépourvues de périsperme, ont un embryon oléagineux et recourbé sur lui-même.

Toutes les plantes de la famille des crucifères jouissent de propriétés stimulantes et antiscorbutiques qu'elles doivent à la présence d'une huile essentiellement âcre et piquante. Elles renferment aussi une grande proportion d'azote, qui donne à certaines d'entre elles des propriétés nutritives. Sous ce double rapport elles sont en usage en médecine et dans l'économie domestique. Parmi les plus usitées nous citerons : la *moutarde*, le *cresson*, le *cochléaria*, le *radis*, le *chou*, le *navet*, le *pastel*, le *colza* et la *navette*. Quelques espèces sont aussi cultivées comme plantes d'ornement dans les jardins ; telles sont les *ravenelles*, la *giroflée*, la *julienne*, la *corbeille-d'or*, etc.

La famille des *malvacées* renferme tout à la fois des herbes, des arbrisseaux et de grands arbres.

Les feuilles, dans cette famille, sont alternes et munies de stipules ; les fleurs sont solitaires ou diversement groupées ; leur ovaire, qui est libre et surmonté de plusieurs styles et stigmates, forme à la maturité un fruit capsulaire, qui s'ouvre en autant de valves qu'il y a de loges, contenant une ou plusieurs graines. L'embryon est dépourvu de périsperme, et porte deux cotylédons foliacés.

Espèces principales : la *mauve* et la *guimauve* ; la *violette* ; le *cacaoyer*, dont les graines fournissent le *cacao*, qui sert à la fabrication du chocolat ; le *cotonnier*, dont les graines sont enveloppées de ce duvet précieux si connu sous le nom de *coton* ; le *baobab*, le plus gros et le plus grand des arbres connus, dont le tronc peut acquérir 30 mètres de circonférence ; les *roses trémières*, que l'on cultive dans les jardins pour l'élégance de leurs formes et la beauté de leurs fleurs, et qu'il ne faut pas confondre avec les *roses* proprement dites.

La famille des *renonculacées* a pour espèces principales les *renoncules*, les *boutons d'or*, l'*aconit*, l'*hellébore*, la *clématite*, le *pied d'alouette*, les *pivoines*, etc.

La famille des *nymphéacées* vient ensuite ; elle est peu nombreuse. Les espèces principales sont : l'*Euryale féroce*, le *nénuphar jaune* et le *nénuphar blanc* de nos étangs. Ce dernier est la miniature du grand *nénuphar Victoria regia*, qui croît dans des lacs de l'Amérique méridionale, et dont les feuilles atteignent de 2 à 3 mètres et les fleurs 1 mètre de circonférence. Cette belle plante, apportée à Londres par M. Bridges en 1845, et semée dans un bassin de la serre de Kew, où elle a très-bien réussi, est aujourd'hui cultivée au Jardin des Plantes de Paris.

La famille des *papavéracées* tient de toutes ces familles, et comprend le *coquelicot*, la *chélidoine*, le *pavot*, dont on extrait l'opium.

L'*opium* est un suc qu'on obtient au moyen d'incisions que l'on pratique sur les tiges et le réceptacle de la graine avant sa maturité. Pris à petite dose, l'opium est un précieux calmant ; pris à haute dosè et fréquemment, il paralyse l'intelligence et conduit à l'hébétement. Les Orientaux arrivent à en absorber des doses dont la deux-centième partie suffirait pour conduire au sommeil éternel une personne qui n'aurait pas, comme eux, contracté peu à peu l'habitude de s'en servir.

On cultive, dans le nord de la France, sous le nom d'*œillette*, une espèce de pavot à fleurs blanches ou rosées, dont les graines servent à fabriquer une huile qui, mélangée avec l'huile d'olive, est difficile à reconnaître.

Le pavot est une des plantes les plus remarquables par le nombre presque incroyable de ses graines ; un seul pied peut en donner jusqu'à 30,000 et même plus.

QUATORZIÈME CLASSE.

PÉRIPÉTALIE.

Famille des Rosacées. — Famille des Légumineuses.

La famille des *rosacées* renferme un grand nombre de végétaux herbacés ou ligneux. Les feuilles, simples ou composées, sont alternes ou accompagnées à leur base de deux stipules. Les fleurs ont un calice gamosépale, à quatre ou à cinq divisions, portant une corolle à cinq pétales distincts et régulièrement disposés. Les étamines, nombreuses, sont, comme les pétales, insérées sur le calice. Le fruit est tantôt un drupe, tantôt une mélonide, tantôt un groupe d'akènes.

La famille des *rosacées* a été divisée en six tribus :

1º Celle des *fragariées* : ronce, fraisier, benoîte, potentille, etc. ; — 2º celle des *amygdalées* : amandier, prunier, pêcher, cerisier, abricotier, etc.; — 3º celle des *rosacées* : rosier, églantier ; — 4º celle des *pomacées* : pommier, poirier, néflier, sorbier; — 5º celle des *sanguisorbées* : pimprenelle, aigremoine, etc.; — 6º celle des *spiréacées*, qui ne contient que des plantes d'agrément.

Nous citerons à la suite de la famille des *rosacées* celles auxquelles appartiennent les *myrtes*, la *joubarbe*, les *saxifrages*, qui forment le trait d'union avec la famille des *légumineuses*.

La grande famille des *légumineuses* se divise en trois tribus : *papilionacées, cas-*

siées et *mimosées*. La plus intéressante de ces trois tribus est celle des papilionacées, qui se compose de plantes, d'arbustes et d'arbres dont quelques-uns peuvent atteindre les plus grandes dimensions.

Les feuilles, ordinairement composées, sont alternes et munies de stipules à leur base. Les fleurs, solitaires ou en grappes, ont un calice gamosépale à cinq divisions plus ou moins profondes et inégales. La corolle est à cinq pétales inégaux, dont un supérieur, plus grand, nommé *étendard*, deux latéraux, appelés *ailes*, et deux inférieurs, presque toujours soudés ensemble et formant la *carène*. C'est cette disposition de la corolle qui, en effet, faisant ressembler la fleur à un papillon qui vole, a valu aux plantes de cette famille le nom de papilionacées.

Le fruit est toujours une gousse.

Cette tribu des légumineuses renferme un grand nombre de plantes employées soit en médecine, soit dans les arts, soit dans l'économie domestique : ce sont le *pois*, le *haricot*, la *fève* et la *lentille*, dont l'homme se nourrit ; la *luzerne*, le *trèfle*, et le *sainfoin*, qui produisent d'excellents fourrages ; l'*indigotier* et le *genêt*, qui donnent aux teinturiers, l'un un bleu magnifique, nommé *indigo*, l'autre un jaune éclatant ; la *réglisse*, le *copahu* et le *myroxylon*, la *gomme arabique*, le *tamarin*, le *séné*, le *cachou*, le *baume de tolu*, plantes médicinales ; le *cytise* ou *faux-ébénier*, le *robinia*, le *baguenaudier* et le *lotus*, qu'on cultive dans les jardins d'ornement.

A la famille des *légumineuses* appartient aussi la *sensitive* (tribu des mimosées), plante gracieuse, dont les feuilles *palmées* se ploient instantanément au moindre contact du doigt, au moindre attouchement d'un insecte qui vient s'y poser, et ne se relèvent que lentement et longtemps après.

L'*attrape-mouche*, plante originaire de l'Amérique du Nord, offre, mais sous un autre rapport, une particularité fort remarquable. Ses feuilles, terminées par un disque muni d'une charnière au milieu, forment, en d'autres termes, comme deux demi-disques réunis par cette charnière. Ces deux demi-disques, hérissés de poils, ont la faculté, au moyen de la charnière qui les unit, de se fermer et de s'ouvrir comme un livre. Sur leur face supérieure se trouvent deux petites glandes irritables sécrétant un suc qui attire les insectes.

Si un insecte, alléché par cet appât, vient à toucher ces glandes, les deux demi-disques se rapprochent vivement et le retiennent prisonnier ; plus il se débat, plus la contraction de la plante augmente, et l'animal finit par être étouffé ; après quoi la plante déploie de nouveau ses feuilles, fait briller son suc tentateur, et attend une nouvelle victime, en laissant échapper celle qu'elle vient de faire.

Près des *légumineuses* viennent se ranger la famille des *térébinthacées* et celle des *rhamnées*.

Les *térébinthacées* comprennent une grande quantité d'arbres résineux exotiques : le *pistachier*, le *sumac*, l'*acajou*, qui produit la *noix d'acajou*, les *baumiers*, qui produisent la *myrrhe* et l'*encens*.

Les *rhamnées*, végétaux à feuilles simples et stipulées, ayant pour fruit un drupe, une capsule ou une baie, comprennent : le *jujubier*, qui fournit les *jujubes*, drupes rougeâtres que l'on peut manger quand ils sont frais et qui servent à préparer la pâte de jujube ; le *nerprun*, dont on compose un sirop médicinal ; le *houx*, dont l'écorce est employée dans la préparation de la *glu* ; le *fusain*, dont le bois léger donne un charbon excellent pour la fabrication de la poudre de guerre.

QUINZIÈME CLASSE.

DICLINIE. — DICLINES.

Cette classe comprend les plantes dont les fleurs, dioïques ou monoïques, tantôt solitaires, tantôt disposées en grappe, tantôt contenues dans un involucre charnu, ne renferment pas les étamines et le pistil réunis dans le même calice. Elle forme les familles des *urticées*, des *morées*, des *pipéracées*, etc., où se trouvent les *orties*, le *mûrier* ; le *poivrier*, plante sarmenteuse dont les graines donnent le poivre ; le *chanvre* ; la *pariétaire*, qui croît dans les fentes des vieux murs ; le *houblon*, plante vivace à tige volubile, à fleurs dioïques, dont le fruit est un cône composé d'écailles minces, entre chacune desquelles sont logés deux akènes ; le *figuier* ; l'*arbre à pain*, que l'on cultive sous les tropiques, et dont le fruit, de la grosseur de la tête d'un homme, contient une pulpe farineuse qui a le goût de la mie de pain frais et qui est un aliment très-sain.

Les *orties* sont garnies, comme chacun le sait, de poils aigus, dont la piqûre produit une cuisson douloureuse. Cette douleur n'est pas causée par le poil lui-même, mais bien par une liqueur caustique qu'il porte avec lui et qu'il introduit dans la plaie.

La classe des *diclines* comprend aussi la famille des *euphorbiacées*, dans laquelle on rencontre l'*euphorbe*, le *ricin*, le *buis*, le *tapioka*, l'*hévée*, qui produit le *caoutchouc*, et la famille des *cucurbitacées*. A cette dernière se rapportent les *melons*, les *pastèques*, les *calebasses*, les *courges*, les *coloquintes*, les *concombres*. Les fleurs sont ordinairement unisexuelles et monoïques ; le calice et la corolle sont soudés entre eux par leur base. Les fleurs mâles portent cinq étamines ; les fleurs femelles ont un ovaire infère, couronné d'un disque épigyne.

Certains auteurs ont rangé dans la classe des *diclines* quelques-unes des familles que nous avons rattachées à la cinquième : ce sont les *amentacées*, les *ulmacées*, les *salicinées*, les *myricées*, les *bétulinées*, les *platanées*, les *cupulifères*, et les *conifères*.

Nous ne discuterons pas cette question, dont ce n'est point ici la place.

Un traité complet d'une science aussi vaste et aussi riche que la botanique exigerait plusieurs volumes, et, dans l'abrégé que nous venons de donner, nous avons voulu seulement en poser les principes généraux, frayer en quelque sorte à nos lecteurs la voie d'une étude plus approfondie dans les ouvrages des maîtres, et surtout dans le grand livre de la nature.

LE

RÈGNE MINÉRAL

———————

GÉOGÉNIE

THÉORIE

DE LA FORMATION DE LA TERRE.

Dieu, dit la Bible, créa d'abord le ciel et la terre; ensuite il sépara les eaux supérieures des eaux inférieures, en interposant entre elles le firmament; puis il réunit les eaux inférieures en un même lieu, mit la terre à nu, et produisit les plantes et les arbres; quatrièmement, il jeta dans l'espace le soleil, la lune et les étoiles; en cinquième lieu, il créa les poissons, les reptiles et les oiseaux; et enfin il fit les grands quadrupèdes et l'homme.

8

Malgré les allégations de certains écrivains, ce récit de l'histoire sacrée est en harmonie parfaite avec les observations faites jusqu'à ce jour, tant à l'extérieur qu'à l'intérieur de la terre. On trouve, en effet, dans les couches supérieures et superficielles, des ossements de bêtes fauves, de grands quadrupèdes et d'oiseaux fossiles. Dans les couches inférieures sont placés les débris des plus grands reptiles, tels que les crocodiles, les mégalosaures, les mésosaures, les ptérodactyles. A une plus grande profondeur se présentent les mollusques, entassés en bancs immenses. Enfin, si l'on descend encore, toute trace d'animaux disparaît, et l'on ne rencontre que des détritus de végétaux, au delà desquels on n'observe plus rien qui paraisse avoir vécu. Quant à l'homme, il n'en existe aucun débris dans le sein de la terre, ce qui s'explique très-bien par l'époque à laquelle il fut créé, et depuis laquelle il n'est survenu qu'une seule révolution géologique générale, le déluge produit par la réunion des eaux supérieures avec les inférieures : *toutes les sources du grand abîme furent ouvertes (Gen.*, ch. vii, v. 11).

On peut présumer que les restes des

races submergées se trouvent enfouis dans la terre qui forme le lit de nos mers actuelles.

Les droits de la tradition religieuse une fois garantis, le champ est ouvert à tous les systèmes. Nous adopterons celui qui rallie aujourd'hui la plupart des géologues, et qui nous paraît le plus rationnel.

La terre fut créée dans un état d'incandescence et de fusion ; elle était semblable alors à une lave rougie et bouillonnante : sa forme l'indique d'une manière assez évidente ; elle est précisément celle que prendrait, sous l'influence de la force centrifuge et de l'attraction universelle, une masse fluide tournant sur elle-même et parcourant dans l'espace une route orbiculaire [1]. Mais le froid ne tarda pas à en

[1] Il est probable que l'intérieur de la terre est encore de nos jours à l'état incandescent : les eaux thermales, qui arrivent presque bouillantes à la surface du sol, viennent parfaitement à l'appui de cette opinion ; de plus, des expériences rigoureuses établissent que la chaleur, à mesure qu'on pénètre dans la terre, augmente en moyenne de 1 degré centigrade par 27 mètres. Ces expériences conduisent même à calculer que l'épaisseur de la croûte solide de notre globe a environ 4 myriamètres (10 lieues) d'épaisseur.

solidifier la surface, et à fixer autour de cette sphère solide les gaz et les vapeurs, qui formèrent l'atmosphère.

Ces gaz et ces vapeurs, s'étant condensés sous l'action du froid, tombèrent sur la surface du globe et l'environnèrent d'une immense nappe d'eau.

Cependant la masse incandescente, s'agitant dans les parois de sa prison, parvenait toujours à s'y frayer un passage et à se répandre sur la surface extérieure, où elle se refroidissait à son tour au contact des eaux, augmentant ainsi graduellement l'épaisseur de l'enveloppe solide.

Celle-ci prenait donc peu à peu plus de force, et bientôt elle ne se laissa plus briser, comme auparavant, par les bouillonnements formidables du liquide intérieur; elle cédait souvent sans se rompre, et s'élevait en dômes immenses qui formèrent les montagnes. Il y eut alors à la surface de la terre des parties exhaussées et des parties basses, dont les unes restèrent couvertes d'eau, tandis que les autres furent mises à nu. Telle fut l'origine de ces immenses chaînes de montagnes dites *primitives,* dont la cime domine les régions les plus élevées du globe, et des vastes étendues d'eau, désignées sous le nom d'*océans*, qui ont joué un si grand rôle dans la formation de notre planète. Longtemps ces océans durent être à l'état d'eau bouillante, et il s'écoula sans doute bien des siècles avant que les mollusques que nous rencontrons aujourd'hui à l'état fossile pussent y vivre.

De nombreux tremblements de terre, d'incessantes révolutions volcaniques changeaient continuellement le lit des mers; et les eaux, en se déplaçant, formaient toujours de nouveaux dépôts, ensevelissant chaque fois les plantes qui croissaient dans leurs anciens bassins, et s'y développaient avec d'autant plus de vigueur que l'humidité était alors plus abondante et la température plus élevée. Quand les mollusques, les crustacés et les poissons eurent été créés, des cataclysmes produits par la même cause venaient les engloutir dans les couches limoneuses, que les eaux abandonnaient en se portant d'un endroit à l'autre. Puis ce fut le tour des reptiles, des oiseaux et des mammifères, dont les débris, que l'on découvre tous les jours dans le sein de la terre, rendent hautement témoignage de ces grands bouleversements.

Mais à mesure que la croûte solide prenait de l'épaisseur, la masse ignée qu'elle emprisonnait éprouvait plus de résistance ; les éruptions volcaniques devinrent plus rares, et la surface de la terre, suffisamment solidifiée, se couvrit d'arbres et de plantes, et fut peuplée de toutes les diverses espèces d'animaux ; alors l'homme fut créé et établi roi de ce magnifique empire de la nature, où tout avait été préparé pour le recevoir. A partir de ce moment, il ne se produisit plus de catastrophes analogues aux précédentes, jusqu'à cette dernière révolution, le déluge, si célèbre dans les annales de tous les peuples, qui fit périr tous les êtres animés, à l'exception d'un petit nombre de privilégiés qui furent miraculeusement préservés.

GÉOLOGIE

La *Géologie* est la science qui apprend à connaître la constitution de la terre et la disposition des éléments dont elle est composée.

La terre est une masse ronde, opaque, légèrement aplatie vers les pôles et renflée à l'équateur. La distance de sa surface au centre, ou son rayon, est de 6,680 kilomètres (1,670 lieues) environ; son diamètre est, par conséquent, de deux fois cette distance, et sa circonférence de 40,000 kilomètres (10,000 lieues).

La matière dont la terre est formée n'est point homogène : les parties intérieures sont plus denses et plus pesantes que celles qui sont situées à sa surface.

Le globe se divise en deux masses distinctes : l'une solide, qui constitue la *terre proprement dite ;* — l'autre liquide (l'*eau*), qui occupe plus des trois quarts de la surface de notre planète.

L'atmosphère, dont nous allons parler, peut être considérée comme un des éléments constitutifs de notre globe.

1.º De l'atmosphère.

On donne ce nom à une couche gazeuse qui enveloppe de toutes parts la sphère terrestre, et dont on évalue communément la hauteur à 190 kilomètres (25 lieues environ). C'est cette masse gazeuse qui fournit à tous les êtres organisés répandus sur la surface de la terre l'élément nécessaire à la respiration. Mais là ne se borne point son utilité dans l'économie du globe : l'atmosphère est encore un réservoir pour la vapeur d'eau que la chaleur enlève journellement aux couches supérieures de la terre, et qui nous est rendue ensuite sous la forme de rosée, de pluie, de neige ou de grêle, purifiée de toutes les substances étrangères dont elle était souillée. Enfin, l'air atmosphérique, par la pression qu'il exerce sur la surface totale du globe, s'oppose à la vaporisation des liquides et à la liquéfaction de plusieurs solides, phénomènes qui se produiraient instantanément si cette pression immense, équivalente au poids d'une masse d'eau de 11 mètres d'épaisseur, venait à cesser.

C'est également dans l'atmosphère que se produisent tous les phénomènes désignés en physique sous le nom de météores : tels sont les *vents*, le *tonnerre*, les *éclairs*, les *trombes*, etc.

2° De l'eau.

L'eau couvre les trois quarts du globe. Elle forme la *mer*, les *lacs*, les *courants* et les *glaciers*.

DE LA MER. La masse des eaux marines est immense. On a calculé que la profondeur moyenne de l'*océan* est d'environ un kilomètre.

La mer, de même que l'atmosphère, présente plusieurs phénomènes curieux, dont les plus intéressants sont la *marée*, les *courants*, la *phosphorescence*.

La *marée* est un mouvement périodique et journalier, qui élève et abaisse alternativement le niveau de la mer par rapport à ses côtes. Ce phénomène, dû à l'attraction combinée que le soleil et la lune exercent sur la masse des eaux marines, dure environ douze heures et demie. Pendant six heures la mer monte : c'est le *flux*; elle met ensuite six heures à descendre : c'est le *reflux*.

On désigne sous le nom de *courants* certains mouvements qui ont lieu régulièrement dans quelques parties de la mer. Les plus remarquables sont : le courant *équinoxial*, qui traverse l'Océan de l'est à l'ouest, et le fameux *maelstrom*, qu'on rencontre dans la mer Baltique, et dont l'impétuosité est si grande, qu'il entraîne les navires à plusieurs kilomètres de distance.

La *phosphorescence* de la mer consiste dans des traînées de lumière qu'on aperçoit, pendant la nuit, à la surface des eaux lorsque le temps est sec et chaud. Ce phénomène a été diversement expliqué par les naturalistes. L'hypothèse la plus vraisemblable est celle qui l'attribue à des myriades d'animalcules microscopiques qui peuplent l'Océan et qui, doués de la même propriété que le *ver luisant*, viennent surnager à la surface des eaux.

Maintenant, si nous portons nos regards vers les rivages de la mer, ce qui nous frappe tout d'abord, c'est cette série d'enfoncements et de saillies qui forment les accidents géologiques désignés sous les noms de *cap*, de *golfe*, de *baie*, etc. Ces inégalités sont dues à de véritables montagnes séparées par des vallées, lorsque, au lieu de s'arrêter brusquement au bord des eaux, ces saillies vont s'enfonçant au-dessous. Les îles elles-mêmes ne sont que les plateaux plus ou moins étendus d'une montagne sous-marine [1].

DES EAUX DORMANTES. On peut désigner sous le nom de *lac* toutes les eaux dormantes autres que l'Océan. On trouve des lacs d'une profondeur assez considérable

---

[1] Certaines îles apparaissent tout à coup à la surface de la mer comme par enchantement : ce sont des *îles madréporiques*, formées par un nombre infini de générations de polypes ou *zoanthaires pierreux*, qui s'accumulent en masses énormes. On les rencontre surtout dans l'océan Pacifique et dans le grand Océan méridional.

pour mériter le nom de mers (la *mer Caspienne* et la *mer Morte*); mais le plus souvent ils ont moins d'étendue : tels sont les lacs de Constance, de Genève, etc. Quand ils ne donnent naissance à aucun courant, ils sont presque toujours salés, tandis que leurs eaux sont douces quand il en sort quelque fleuve ou quelque rivière. Les *étangs* sont de petits lacs peu profonds. Les *marais* sont des terres abreuvées de beaucoup d'eau qui n'a point d'écoulement, et forme des *flaques* plus ou moins étendues.

Des eaux courantes. Toutes les *eaux courantes* qui traversent des continents sont douces et ont une origine atmosphérique ; mais elles ne se forment pas toutes de la même manière. Quand les courants doivent leur naissance à la chute d'une grande quantité d'eau ou à la fonte subite des neiges ou des glaces, ils sont rapides, impétueux, et reçoivent le nom de *torrents ;* quand l'eau tombée de l'atmosphère est peu abondante, elle pénètre dans le sein de la terre, s'y fraye une route plus ou moins étendue, et va se perdre dans la mer ou reparaître à la surface du sol, où elle forme une *source* ; quelquefois aussi elle se creuse un lit souterrain, et forme à la longue ces immenses réservoirs qui jouent un si grand rôle dans les révolutions géologiques. Les *ruisseaux*, les *rivières* et les *fleuves* doivent leur origine à ces sources ; ils ne diffèrent les uns des autres que par leur étendue et par le bassin dans lequel ils versent leurs eaux.

La sortie des *sources* présente des phénomènes assez curieux : tantôt, et c'est le cas du plus grand nombre, on voit l'eau sourdre lentement et d'une manière continue ; tantôt, au contraire, elle jaillit impétueusement et forme un jet au-dessus du sol : tel est le fameux *Geyser* d'Islande, qui s'élève à une hauteur de 24 mètres. On appelle *source intermittente* celle qui, après avoir coulé pendant un certain temps, s'arrête pour couler de nouveau et s'arrêter encore. Cette intermittence provient de ce que le lit souterrain de la source forme un siphon naturel. Quand le réservoir intérieur, par suite des infiltrations, contient une quantité d'eau suffisante pour déplacer la colonne d'air qui pèse sur elle, celle-ci s'élève et arrive dans le bassin extérieur ; mais sa force diminuant avec son volume, elle s'arrête bientôt, et ne recommence son ascension, que lorsque de nouvelles infiltrations sont venues réparer ses pertes.

Certaines *sources* sont remarquables par la chaleur de leurs eaux, appelées pour cela *thermales* ou *chaudes*. La cause de ce phénomène n'est pas connue d'une manière positive ; mais tout porte à croire qu'il est dû au calorique dont le centre de la terre recèle un si grand et si inépuisable foyer. Les eaux de source sont dites *minérales* lorsqu'elles tiennent en dissolution des substances minérales, c'est-à-dire acides, salines ou alcalines, empruntées aux terrains qu'elles ont traversés.

Les eaux sorties de la terre forment des *ruisseaux*, et, recevant dans leur trajet celles d'autres sources, elles se tranforment en rivières et en fleuves, dont le cours est plus ou moins rapide, selon le degré d'inclinaison de leur lit. Quand ces courants rencontrent un terrain inégal, ils présentent des accidents qu'on nomme *cascades*, s'il est question d'un ruisseau, — et *rapides* ou *cataractes*, s'il s'agit d'un fleuve. La cataracte du Rhin, près de Schaffhouse, a près de 30 mètres d'élévation ; celle du fleuve Saint-Laurent, dite *Saut-du-Niagara*, en a 50.

On observe une autre particularité dans le cours des fleuves et des rivières : c'est leur disparition sous la terre, qui a lieu toutes les fois que ces courants rencontrent sur leur passage quelque montagne caverneuse ou un terrain spongieux.

Sous le nom de *barre*, on désigne un phénomène propre aux courants : il consiste dans le mouvement rétrograde qu'ils éprouvent soit à leur confluent, soit à leur embouchure.

DES GLACIERS ET DES NEIGES PERPÉTUELLES. L'eau n'est pas toujours à l'état liquide sur la terre : condensée en glace ou en neige, elle forme quelquefois des amas énormes qui recouvrent le sommet des plus hautes montagnes. La formation de ces *glaciers* et de ces *neiges éternelles* s'explique facilement ; quand un nuage chargé de vapeurs aqueuses cède à l'attraction que le sommet des monts exerce sur lui, il est alors soumis au froid intense qui règne continuellement sur toutes les hauteurs considérables, et se condense rapidement.

3° De la terre ferme.

En parcourant du regard la surface de la terre, les inégalités qu'elle présente attirent tout d'abord notre attention. Ici des collines s'élèvent au milieu d'une plaine immense ; là de gigantesques chaînes de montagnes s'étendent sur la plus grande partie des continents ; ailleurs des vallées plus ou moins profondes ; plus loin, des plaines dont aucune éminence ne vient interrompre la monotone régularité. Tous ces accidents géologiques ont leur rôle et leur utilité dans le plan du divin Architecte, et offrent un puissant intérêt aux investigations de la science. Mais si, entr'ouvrant le sein de la terre, nous pénétrons dans ses mystérieuses profondeurs autant qu'il nous est donné de le faire, notre curiosité s'accroît de tout l'attrait qui s'attache à la découverte de l'*inconnu*. Il faut l'avouer pourtant, les notions que nous possédons sur la structure intérieure du globe se réduisent à bien peu de chose, puisque les plus grandes profondeurs auxquelles nous soyons parvenus ne dépassent pas 500 mètres. Toutefois, les résultats obtenus par la seule étude de cette portion si minime du globe terrestre, ont suffi pour fournir la base d'un système de *géogénie* satisfaisant pour notre intelligence, et parfaitement d'accord avec le texte des livres saints.

STRUCTURE INTÉRIEURE DE LA TERRE.

Quand on ouvre une mine dans une plaine, au lieu de trouver une masse compacte et homogène, on rencontre constamment la disposition suivante :

1° Une couche plus ou moins épaisse de terre végétale, qui a été formée par un mélange de débris organiques et de substances minérales ;

2° Une série de couches *stratifiées*, c'est-à-dire placées horizontalement et dans un ordre régulier les unes au-dessus des autres.

A mesure que l'on pénètre plus profondément, la distinction de ces couches devient de plus en plus difficile, jusqu'au point où elles se confondent en une masse homogène, dont la profondeur n'a pu être déterminée.

Lorsque les fouilles ont lieu dans un pays montagneux, ou du moins dans un terrain incliné, la même stratification se présente ; mais les couches, au lieu d'être horizontales, sont presque toujours obliques, quelquefois même perpendiculaires.

Enfin, quand on explore les flancs des grandes chaînes de montagnes, on n'y remarque aucune espèce de distinction de couches ; toute leur masse paraît formée d'un seul bloc et d'une même matière.

D'après ces observations, on a divisé la masse solide qui compose la terre en deux sortes de terrains : les uns *stratifiés*, ou composés de couches superposées ; les autres *massifs*, dont toutes les parties sont parfaitement homogènes.

PREMIÈRE CLASSE.

Terrains stratifiés.

Cette classe de terrains est la plus intéressante à connaître, non-seulement à cause de la superposition régulière des couches qui la composent et de la grande quantité de minéraux qu'elle fournit aux arts et à l'industrie ; mais encore parce qu'on y trouve la preuve incontestable d'un fait de la plus haute importance : c'est que les eaux de la mer ont autrefois couvert, et à diverses reprises, toute l'étendue du globe et jusqu'aux sommets des plus hautes montagnes. On ne saurait expliquer autrement la diversité des minéraux qui forment les couches, et la séparation si marquée qui les distingue entre elles.

Mais à côté de ces couches dont l'origine est due évidemment à l'action, tantôt lente et graduelle, tantôt brusque et saccadée, des eaux marines, on rencontre des masses considérables dont l'état *vitreux* annonce qu'elles ont été jadis tenues en fusion par l'action de la chaleur. Dans le principe, l'eau et le feu se sont donc réunis pour donner à notre planète sa forme actuelle.

Un fait bien digne de remarque, c'est que les révolutions géologiques n'ont pas toutes englouti des corps organisés et surtout des animaux : on ne trouve de débris d'êtres animés que dans les couches les plus superficielles ; les couches inférieures sont complétement dépourvues de toute espèce de *fossiles*. L'observation constante de ce fait a conduit les géologues à diviser les terrains stratifiés en deux ordres : les *terrains fossilifères* et les *terrains sans fossiles*.

1ᵉʳ ORDRE. — Terrains fossilifères.

En examinant les débris organiques que renferment les *terrains fossilifères*, on n'a pas tardé à se convaincre que ces débris avaient été déposés à des époques différentes, et on a établi entre les terrains les distinctions suivantes, d'après l'ordre dans lequel ils se présentent :

1° *Terrains modernes* ;
2° *Terrains tertiaires* ;
3° *Terrains secondaires* ;
4° *Terrains de transition.*

TERRAINS MODERNES.

Les *terrains modernes*, les plus abondants de tous, composent la terre végétale qui nourrit tous les êtres vivants à la sur-face du globe. Plusieurs causes ont con-tribué à leur formation et continuent cons-tamment à agir pour en élever le niveau; les plus puissantes de ces causes sont les actions diverses de l'atmosphère, des eaux pluviales, de la mer, des courants, et même des eaux dormantes.

L'*atmosphère*, en balayant sans cesse le sommet des montagnes et les plaines sa-blonneuses qui bordent la mer; les *eaux pluviales*, en filtrant à travers la terre et les fentes des rochers, en entraînant du haut des monts des masses terreuses et des blocs de roches qui se brisent dans leur chute; la *mer*, en déposant sur les rivages les dé-tritus de ses madrépores et de ses végétaux inférieurs; les *rivières* et les *fleuves*, en multipliant l'action des eaux pluviales; les *eaux dormantes*, en la localisant : tous ces divers agents de la Providence concou-rent diversement, mais avec un ensemble admirable, à l'entretien de cet *humus* pré-cieux sans lequel le sol ne pourrait pro-duire presque aucun des végétaux destinés à la nourriture de l'homme et des ani-maux.

Les terrains modernes nous fournissent

aussi quelques *paillettes d'or* et des pierres précieuses. On y trouve également les *tourbières*, ces mines de combustible si précieuses pour les pays qui n'ont ni forêts ni mines de houille.

TERRAINS TERTIAIRES.

Les *terrains tertiaires* sont répandus à la surface des vastes plaines, où ils forment des couches successives dans une position horizontale ou légèrement inclinée. Ils doivent leur origine à l'action de la mer ou des eaux douces. Jamais on ne les rencontre sur de hautes montagnes.

C'est dans ces terrains que gisent ces *bancs* immenses de coquilles, dont quelques-uns ont plusieurs lieues d'étendue ; ces amas de *cailloux roulés*, que les eaux pluviales ont longtemps ballottés dans leur sein avant de les déposer ; ces énormes *blocs erratiques* qui, s'étant détachés des montagnes voisines, ont roulé à des distances souvent considérables du rocher dont ils se sont séparés. Nous y trouvons aussi ces *brèches* et *cavernes à ossements*, qui recèlent des débris fossiles d'animaux de genres et de classes tout à fait différents.

Il ne faut pas confondre les animaux pétrifiés avec les animaux fossiles.

La *pétrification* consiste dans une action chimique par laquelle une substance minérale se substitue à une substance organique, les molécules de la première remplaçant, pour ainsi dire, une à une, celles de la seconde à mesure qu'elles se détruisent, de telle sorte que le corps conserve sa forme primitive en changeant complétement de nature, en devenant pierre, de bois ou de chair qu'il était.

La *fossilisation* est tout autre chose : c'est, si l'on peut ainsi dire, une inhumation violente, causée par des cataclysmes subits. De tout temps on a trouvé des ossements d'animaux fossiles, mais ces ossements ont été longtemps méconnus : ces découvertes ne donnaient lieu qu'à des fables merveilleuses. Plus tard, l'anatomie vint expliquer que ces ossements appartenaient à des animaux dont les espèces étaient pour la plupart perdues; et enfin notre célèbre Cuvier parvint à rassembler des squelettes épars et à reconstruire, pièce à pièce, des animaux complets.

Les carrières de Montmartre ont été le

tombeau d'un grand nombre de ces animaux, et elles renferment huit à dix espèces, qui toutes étaient inconnues avant l'époque où Cuvier commença ses travaux.

Un fait remarquable, c'est que les cataclysmes qui ont enseveli des animaux quadrupèdes ont aussi enveloppé des oiseaux : effectivement, on a trouvé, dans ces mêmes carrières, des squelettes fossiles d'oiseaux (*ornitholithes*) ; on a les preuves de l'existence de onze à douze espèces d'oiseaux, dont deux ont dû être des oiseaux de proie. Les environs de Paris sont, du reste, les seuls endroits du globe où l'on ait trouvé des *ornitholithes* incontestables.

Nous avons dit que les débris d'animaux se trouvaient pêle-mêle : on explique cette circonstance en supposant qu'à l'époque où ils vivaient, ils ont tous fui devant l'inondation, vers les lieux qui offraient un refuge, peut-être même dans les cavernes, où ils ont été détruits tous ensemble. Des éléphants fossiles ont été trouvés en nombre considérable dans beaucoup d'endroits du globe, dans nos pays comme sous les zones glaciales ; mais aucun pays n'en a fourni autant que le val d'Arno supérieur. Il est à remarquer que les os d'éléphant sont les plus communs sous les latitudes que ces animaux ne peuvent supporter, et qu'on n'en trouve aucun dans les pays où ils vivent actuellement. Il faut se rappeler à cet égard : 1° que l'état de la nature ne permet plus la fossilisation ; 2° que la température des régions glaciales a pu changer subitement lors du cataclysme qui a détruit ces animaux ; 3° que l'éléphant fossile avait une fourrure que ceux de nos jours ne possèdent pas, et qu'il a pu supporter une température bien inférieure à celle de l'Asie et de l'Afrique.

Un animal qui a dû être contemporain de l'éléphant fossile est le *mastodonte*. Ses ossements se trouvent fréquemment dans l'Amérique du Nord.

Le *mastodonte à dents étroites* se trouve dans l'Amérique du Sud.

L'*hippopotame* fossile se trouve dans le val d'Arno supérieur, où ses ossements sont plus nombreux que ceux des *rhinocéros*.

Le *rhinocéros* de cette époque avait une corne volumineuse, implantée sur les os du nez ; cette particularité le distingue de ceux qui vivent de nos jours.

En général, tous ces animaux de l'ancien

monde paraissent avoir été plus grands que ceux des espèces actuelles qui leur correspondent.

Parmi les ruminants fossiles, le plus célèbre est le *cerf à bois gigantesque*, qui appartient à une famille certainement perdue, et dont on trouve des traces principalement en Irlande.

En somme, tous ces animaux appartiennent à des espèces très-peu différentes de celles qui vivent aujourd'hui ; il n'en est pas de même des *palæotheriums* et des *anoplotheriums*. Ces derniers se rencontrent, en effet, dans des couches beaucoup plus profondes, et depuis bien des siècles la mer les avait ensevelis dans nos contrées, quand les éléphants, détruits par des irruptions postérieures, y vivaient encore paisiblement.

Nous ne citerons pas tous les animaux découverts ; nous dirons seulement que le nombre des mammifères fossiles admis par Cuvier s'élève presque à une centaine d'espèces.

On n'a jamais trouvé d'ossements d'hommes fossiles ; cette absence est complète, et prouve surabondamment que l'homme est d'une création plus moderne.

Les principaux minéraux que l'on extrait des terrains tertiaires sont : l'*argile* ou *terre glaise*; les *grès* et les *pierres meulières*; les *marnes*, le *gypse*, le *calcaire*, et quelques fragments d'or, de platine et d'étain ; mais les métaux ne s'y présentent jamais en masses considérables.

TERRAINS SECONDAIRES.

Les *terrains secondaires*, nommés aussi *terrains ammonéens*, parce qu'on y trouve en quantités immenses les coquilles que l'on appelle *ammonites* ou *cornes d'Ammon*, présentent souvent une stratification oblique et même sinueuse. Ils s'élèvent quelquefois à des hauteurs considérables et s'enfoncent à de grandes profondeurs. Le plus souvent ils sont recouverts par les terrains précédents, mais quelquefois aussi ils forment la partie la plus superficielle du sol qui, alors, est impropre à la végétation : tel est celui de la Champagne Pouilleuse. Ce qui caractérise plus particulièrement ces terrains, c'est la présence de monstrueux reptiles, nommés *ichthyosaures*, *plésiosaures*, *ptérodactyles*, etc., et surtout des bancs énormes d'*ammonites*. Les roches qui y dominent sont la craie, le grès et le calcaire.

Ces terrains possèdent peu de filons métalliques ; on y rencontre çà et là quelques mines de *fer*, de *galène* et de *céruse*, du *lignite*, du *soufre*, du *sel en roche*, du *tripoli*, de la *terre à foulon*, et des rognons de *silex* qui servent à faire la pierre à fusil.

TERRAINS DE TRANSITION.

Les *terrains de transition*, ainsi désignés parce qu'ils forment le passage des terrains fossilifères aux terrains stratifiés dépourvus de fossiles, sont ordinairement disposés par couches très-déclives et quelquefois verticales. Ils s'élèvent à de grandes hauteurs sur les croupes des montagnes primitives, et en forment à eux seuls d'assez considérables. Les débris organiques qu'ils renferment sont des coquilles en grande quantité et d'immenses amas de végétaux minéralisés, qui forment ce qu'on appelle le *terrain houillier*. Aux nombreuses mines de houille qu'on y trouve, il faut ajouter celles d'anthracite, des carrières d'ardoises et de très-beaux marbres, ainsi que la plupart des métaux et des pierres gemmes [1], la *pierre de touche*, la *sanguine*, l'*albâtre gypseux*, l'*alun*, etc.

2ᵉ ORDRE. — **Terrains stratifiés sans fossiles.**

Ces terrains sont les plus anciens dépôts que l'eau ait laissés ; on n'y voit aucune trace de végétation, encore moins d'ossements fossiles. Leur stratification est irrégulière et comme tourmentée. On les rencontre sur les sommets des plus hautes montagnes ou à d'immenses profondeurs.

DEUXIÈME CLASSE.

Terrains massifs.

Les *terrains massifs* sont les premiers que la nature ait formés, longtemps avant

[1] Les terrains de transition sont très-riches en produits minéralogiques et en gîtes métalliques : c'est de leur sein que l'on extrait le *cristal de roche*, le *calcaire saccharoïde*, si célèbre sous le nom de *marbre de Carrare*, et les plus beaux minerais d'étain, d'argent, de platine et d'or.

que la terre eût produit des végétaux et des animaux ; aussi ne trouve-t-on point de débris organiques dans les couches qui les composent. On y rencontre également peu de filons métallifères, mais ils nous fournissent en abondance des matériaux très-précieux pour la construction des édifices.

Bien qu'en général les terrains massifs soient recouverts par les terrains stratifiés et qu'ils leur servent de base, il arrive assez souvent qu'ils dominent ces derniers. Toutes les grandes chaînes de montagnes qui traversent le globe terrestre sont formées de terrains massifs.

On peut diviser cette classe en deux ordres : les *terrains d'épanchement* et les *terrains pyrogènes*.

1er ORDRE. — Terrains d'épanchement.

Ces terrains sont les seuls qui méritent véritablement le nom de *primitifs* ; ce sont, en effet, ceux qui se sont solidifiés les premiers, qui pénètrent à la plus grande profondeur, et qu'on retrouve toujours lorsque l'on pousse un peu loin les recherches. Ce sont les terrains d'épanchement qui composent les montagnes les plus élevées du globe, les Alpes, les monts Ourals, les Himalayas, les Cordillères, l'Epine-du-Monde, etc.

Les roches qui dominent dans ce terrain sont le *granit* et le *porphyre*. Les gîtes métallifères y sont rares et peu abondants. On y trouve aussi des *schistes micacés* et *talqueux*, et quelquefois des couches calcaires très-puissantes, qui prouvent que le calcaire a été formé dès les premiers temps, et qu'il ne faut pas l'attribuer au travail de la mer. On retire de ces terrains le *kaolin*, les *plus beaux marbres statuaires*, les *ardoises*, le *mica transparent*. C'est enfin du granit que sortent les *eaux minérales* les plus chaudes.

2ᵉ ORDRE. — Terrains pyrogènes.

Les *terrains pyrogènes* (produits par le feu) ont la même origine que les précédents, mais leur texture présente de notables différences. Ils sont vitrifiés et criblés de cellules, semblables à ces scories qui se produisent dans les forges, et qu'on nomme vulgairement le *mâchefer*, tandis que les terrains d'épanchement offrent des granulations menues et denses. Ils sont également répandus partout, mais en masses considérables, et paraissent avoir jailli dans un état d'incandescence à travers les autres couches terrestres. On retrouve en eux tous les caractères des matières volcaniques, caractères plus ou moins marqués selon que ces terrains ont une date plus ou moins ancienne. C'est sous ce rapport qu'on distingue plusieurs sortes de roches pyrogènes, telles que les *trachytes*, les *basaltes*, etc. Les basaltes présentent quelquefois un assemblage prismatique semblable à des faisceaux de colonnes, dans lequel les populations ont cru voir l'œuvre magique d'êtres surnaturels : telles sont la *chaussée des Géants* en Irlande, la *grotte de Fingal* en Ecosse, etc.

C'est dans les terrains de cette nature qu'on trouve la *lave poreuse* ou *pierre ponce*, l'*obsidienne* et quelques autres pierres dures que l'on taille pour faire des vases et des bijoux.

DES VOLCANS.

Les *volcans* sont situés sous des montagnes de forme conique, dont le sommet,
ordinairement tronqué, se termine par une
ouverture que l'on nomme *cratère*, mot
qui, en grec, signifie *coupe*. On distingue
dans les cratères les bords, appelés *orles*,
et le *fond*. Quelques-uns sont entourés
d'une sorte de rempart circulaire auquel
on a donné le nom de *couronne volcanique*.

C'est du fond de ces gouffres, dont l'œil
de Dieu peut seul mesurer les mystérieuses
profondeurs, que jaillissent, au moment
de l'éruption, les matières enflammées qui
portent au loin la désolation et la mort.

Les éruptions volcaniques sont précédées
et accompagnées de bruits et de mouvements souterrains, et souvent de pertur-
bations atmosphériques. Avant l'explosion,
le cratère paraît parfaitement calme et
inoffensif ; tout à coup des mugissements
sourds et confus se font entendre, comme
s'ils venaient d'une grande distance ; peu
à peu ils se rapprochent et ressemblent
aux grondements du canon ou au roule-

ment d'un grand nombre de voitures sur le pavé. Bientôt des cendres et de la fumée s'élèvent du cratère ; enfin la lave et d'autres matières incadescentes sont projetées dans les airs avec un fracas terrible.

Toutes les déjections légères, les cendres, les sables, les ponces et les scories, sont lancées à des distances quelquefois considérables. En 473, si l'on en croit Procope, celles du Vésuve furent portées jusqu'à Constantinople, c'est-à-dire à 1,100 kilomètres. Une des plus célèbres éruptions de l'Etna eut lieu du temps de César (40 ans av. J.-C.). Dix-sept cents ans après (11 mars 1659), l'Etna détruisait quatorze villes ou villages, et tout dernièrement, une éruption eut lieu aussi avec une excessive violence. En 1815, un volcan de l'île de Sumbava lança des cendres jusqu'à Sumatra, à la distance de 1,800 kilomètres.

Ces cendres forment des nuages si épais que l'air en est obscurci dans les lieux où elles se répandent. Pendant une éruption de l'Hécla, en 1766, bien qu'on fût au milieu du jour, on ne pouvait, à plus de

200 kilomètres du volcan, se diriger qu'avec des flambeaux.

Avec ces substances, les volcans lancent aussi, mais plus rarement, des blocs de grès et de granit, et des boules de laves vitrifiées ou revêtues d'une croûte scoriforme. La hauteur à laquelle ces masses sont projetées dans les airs, avec une vitesse incalculable, est souvent prodigieuse.

La lave liquide sort du volcan en débordant le cratère ; elle est couverte de scories qui nagent à sa surface. Sa couleur est d'un rouge brun. Arrivés à la base de la montagne, les courants de lave s'étendent et se divisent en plusieurs ruisseaux. Tantôt la matière se roule sur elle-même, tantôt elle se fige dans ses couches externes et forme une sorte de pont sous lequel coule la lave demeurée liquide. Celle-ci acquiert bientôt une sorte de viscosité et une ténacité telle, que de grosses pierres tombant sur sa surface n'y produisent qu'une dépression presque insensible.

Les volcans rejettent quelquefois de l'eau. En 1751, l'Etna vomit, pendant huit à dix minutes, un torrent d'eau bouillante et salée. L'Hécla a présenté souvent le même phénomène. Mais c'est surtout sur le continent américain qu'il a été observé. La seconde fois que Guatémala fut détruite, des deux volcans qui la renversèrent, l'un rejetait des torrents de laves, tandis que l'autre vomissait un fleuve d'eau bouillante. Pendant le tremblement de terre qui engloutit Lima, en 1746, quatre volcans, qui s'ouvrirent à Lucanas et dans la montagne de la Conception, occasionnèrent une terrible inondation.

Lorsque les matières pulvérulentes qui sortent des volcans se mêlent aux eaux que renferment leurs flancs on leurs cratères, elles donnent lieu à ce qu'on appelle des *éruptions boueuses*. Quand les commotions souterraines sont assez fortes pour ébranler toute la masse du volcan, ses profonds abîmes s'entr'ouvrent, et l'on voit couler des rivières fangeuses. Le 19 juin 1798, des flancs déchirés d'une montagne volcanique du Mexique sortit une masse boueuse remplie de poissons, qui couvrit la campagne environnante sur un rayon de 8 kilomètres.

Les plus célèbres volcans de l'Europe sont : le VÉSUVE, dans le royaume de Naples ; l'ETNA, en Sicile ; l'HÉCLA, en Islande. Les autres parties du monde en renferment aussi de très-redoutables et en grand nombre, mais aucune autant que l'Amérique.

Quant aux causes premières de ces formidables phénomènes, elles ont échappé jusqu'à présent aux investigations de la science. Parmi les géologues et les naturalistes, les uns, comme Buffon, pensent que, dans les montagnes volcaniques, il y a des veines de soufre, de bitume, de diverses autres substances minérales, et surtout des *pyrites* qui, se décomposant par l'action de l'humidité, entrent en combustion et produisent des effets volcaniques plus ou moins violents. Les autres attribuent les tremblements de terre, la formation des laves et des cratères, à l'action du feu central, qui soulève la croûte du globe et donne passage à l'eau réduite en vapeur, aux bitumes et aux métaux fondus. D'autres, enfin, placent la cause des éruptions dans l'élasticité des gaz contenus dans les entrailles de la terre. Longtemps comprimés, ces *agents volcaniques* brisent les parois de leur prison, s'enflamment et produisent toute la série des phénomènes observés dans la formation et l'explosion des volcans : les bruits souterrains, les convulsions du sol, la projection des laves et des roches incandescentes.

La superposition des laves produites par de fréquents phénomènes volcaniques forme à la longue des élévations considérables, au sommet desquelles le volcan proprement dit continue de faire éruption.

On connaît environ deux cents volcans en activité; mais il est évident que leur nombre était autrefois beaucoup plus grand, à en juger par celui des montagnes volcaniques que l'on rencontre partout. C'est à ces cratères, depuis longtemps inactifs, qu'on donne le nom de *volcans éteints*.

DES TREMBLEMENTS DE TERRE.

Les *tremblements de terre* sont des phénomènes encore plus énergiques et plus désastreux que les éruptions des volcans; ils se font sentir à des distances immenses, et agissent simultanément sur une grande étendue; ils déterminent des soulèvements de terrain qui deviennent des montagnes, ou produisent des affaissements considérables accompagnés quelquefois de ruptures énormes à la surface du sol. Lors du trem-

blement de terre qui détruisit Lisbonne,
deux montagnes se crevassèrent en Afrique ; celui de Lima, en 1746, produisit une
fente de 4 kilomètres de long sur près de
2 mètres de large. Vers la fin du dix-septième siècle, un tremblement de terre engloutit, à la Jamaïque, la plus haute montagne de l'île et la remplaça par un lac
de la même étendue.

La cause des tremblements de terre est
encore moins connue que celle des volcans ;
mais ces deux genres de phénomènes peuvent être considérés comme les effets d'une
force expansive contenue dans la partie
centrale du globe, et qui tend constamment à briser les obstacles qui lui sont
opposés.

MINÉRALOGIE

___

NOTIONS PRÉLIMINAIRES.

Une distance immense sépare le règne *minéral* des règnes *animal* et *végétal* [1].

Les minéraux sont dépourvus des organes nécessaires à la vie et au mouvement; ils ne prennent d'accroissement que par l'*agrégation*, c'est-à-dire par le rapprochement de leurs parties similaires; et, entièrement soumis aux lois de la physique générale, ils ne peuvent s'éloigner du centre de la terre, ni se soustraire à l'action de la pesanteur, de la lumière, de la chaleur, etc.

Quand l'agrégation des molécules qui constituent un minéral produit une figure toujours

___

[1] Voir, dans notre BIBLIOTHÈQUE DES FAMILLES, les *Règnes animal et végétal*.

constante et régulière, elle prend le nom de *cristallisation*. Lorsque ce rapprochement a été subit, la cristallisation, devenue confuse, ne présente qu'une simple *concrétion*.

La *forme* et le *volume* des minéraux n'offrent aucune fixité. La forme est pour eux une propriété tout à fait accessoire : que le marbre ait la figure d'une statue, d'un piédestal, d'un mortier, etc., ce sera toujours du marbre. Il en est de même relativement au volume. Ce dernier peut devenir excessivement grand ou demeurer excessivement petit, sans que la nature du minéral soit altérée.

Les minéraux, étant dépourvus d'organes, et par conséquent d'activité vitale, ne sont pas sujets à s'user ; et s'ils s'altèrent, c'est par l'action des corps qui les entourent. Ils sont réellement *inaltérables* par eux-mêmes et ne peuvent mourir.

L'étude du règne minéral comprend deux parties bien distinctes : la première s'occupe de la conformation générale du globe terrestre et des différentes couches minérales qui le composent : c'est la *géologie*, dont nous venons de donner un aperçu. La seconde traite spécialement des corps qui entrent dans la composition de la terre : c'est la *minéralogie*.

PROPRIÉTÉS

ET

CLASSIFICATION DES MINÉRAUX.

Pour parvenir à la distinction des minéraux, on a recours à l'examen de deux sortes de propriétés : les unes *physiques*, qui se manifestent sans modifier la nature du corps ; et les autres *chimiques*, dont la manifestation exige le concours de certains agents ; — les principaux sont le feu et plusieurs *réactifs*, solides, liquides ou gazeux, tels que l'acide nitrique ou eauforte, l'acide sulfurique ou huile de vitriol, l'ammoniaque ou alcali volatil, la potasse, la soude, etc.

Propriétés chimiques des minéraux.

Il est des acides qui attaquent certains corps et n'ont aucune prise sur d'autres. A l'aide de l'acide nitrique, par exemple, on reconnaît très-bien l'or, parce que c'est le seul des métaux de sa couleur qui ne soit pas altéré par ce réactif. De même, l'acide sulfurique nous fera distinguer la *pierre à plâtre* de la *pierre à chaux*, parce qu'il fait entrer celle-ci en effervescence, tandis qu'il n'a point d'action sur la première.

Au moyen du feu, on connaît si un minéral est fusible, s'il est susceptible d'être réduit en vapeur, et à quel degré de chaleur il peut être fondu ou volatilisé.

Un autre agent qu'on emploie souvent pour reconnaître les corps inorganiques, c'est l'eau *distillée ;* les uns, en effet, y sont solubles : le *sel commun,* par exemple ; les autres y sont insolubles ou peu solubles, comme le *carbonate de chaux,* et se *précipitent* au fond du vase sous la forme d'un dépôt de couleur variable.

Propriétés physiques des minéraux.

Il est plus facile de caractériser les minéraux au moyen de leurs propriétés physiques. Celles-ci sont très-nombreuses ; elles se déduisent de la forme du corps, de sa couleur, de sa densité, de sa ductilité, de sa fusibilité, de sa dureté, de sa ténacité, de sa cassure, etc.

1° La *forme* des minéraux varie à l'infini ; cependant elle est quelquefois régulière, et alors elle constitue un *cristal*. Les formes cristallines, extrêmement variées, se rapportent néanmoins à six principales, qu'on appelle *fondamentales*. Ce sont : le *cube*, qui a six faces carrées et égales et huit angles solides droits, et par conséquent égaux ; le rhomboèdre, qui a aussi six faces égales, mais non les angles droits ; le *prisme droit à base carrée*, qui a, comme le cube, huit angles droits sans avoir ses six faces égales ; le *prisme droit à base rectangle*, qui ne diffère du précédent que parce que les deux bases ont leurs angles égaux sans que les deux côtés le soient ; le *prisme oblique à base rectangle*, qui, au lieu d'avoir les bases perpendiculaires, les a obliques, et le *prisme oblique à base parallélogramme*, dont les bases sont obliques aussi, et dont les arêtes latérales ne sont égales que deux à deux. Ces six formes, en se combinant entre elles, donnent naissance à une multitude innombrable d'autres figures toutes différentes.

Mais les formes des minéraux ne sont pas toujours régulières, et alors elles sont plus difficiles à apprécier. Quelques-unes cependant caractérisent exclusivement certains minéraux ; elles sont dites : *globuleuses, ovoïdes, lenticulaires, aciculaires* ou *arborisées*, selon qu'elles affectent la forme d'une boule, d'un œuf, d'une lentille, d'une aiguille ou d'une branche d'arbre.

2° La *densité* est cette propriété qui s'exprime par le rapport existant entre le volume d'un corps et son poids. Un corps est d'autant plus pesant qu'il est plus dense. Les liquides, comme les solides, n'ont pas le même poids sous le même volume.

3° La *ductilité* ou *malléabilité* est la propriété qu'ont les minéraux de se laisser étendre sous le choc du marteau ou la pression du cylindre ; elle est opposée à la *friabilité*. L'or, l'argent, le fer, etc., sont *ductiles;* l'arsenic, le sel commun, etc., sont *friables.*

4° La *ténacité*, qui accompagne ordinairement la ductilité, consiste dans la propriété qu'ont les métaux, réduits en fils minces, de supporter un certain poids sans se rompre. Le fer est un des métaux les plus tenaces.

5° On appelle *fusibilité* le plus ou moins de facilité qu'ont les minéraux à se liquéfier par l'effet de la chaleur.

6° La *dureté* est un caractère très-important, qui se déduit de la résistance plus ou moins grande d'un corps à l'action d'un autre corps, au moyen duquel on essaye de le rayer. Ce caractère est essentiellement lié à la composition chimique ; on l'apprécie en prenant pour termes de comparaison les dix substances suivantes :

1. Talc.
2. Gypse.
3. Spath d'Islande.
4. Chaux alunée.
5. Chaux phosphatée.
6. Feldspath.
7. Quartz.
8. Topaze.
9. Corindon.
10. Diamant.

7° La *cassure* est lamelleuse, grenue, fibreuse, rayonnée, schisteuse ou composte.

La cassure lamelleuse n'a lieu que pour

les minéraux cristallisés; il importe alors de constater si l'on peut les diviser en lames dans plusieurs sens, c'est-à-dire s'il y a un ou plusieurs *clivages* et leur facilité relative.

Les autres propriétés physiques des minéraux sont : la *saveur*, l'*odeur*, la *couleur*, la *transparence*, qui n'ont pas besoin d'explication.

Tels sont les principaux caractères à l'aide desquels on peut distinguer les corps inorganiques et les diviser en *classes, ordres, familles,* etc.

Plusieurs systèmes se partagent à cet égard l'enseignement scientifique; mais on est convenu généralement de diviser les minéraux en trois classes : les *gazolytes*, les *leucolytes* et les *chroïcolytes*.

Les *gazolytes* sont gazeux ou solides; mais, dans tous les cas, ils peuvent, en s'unissant à l'oxygène, à l'hydrogène, etc., donner naissance à des composés gazeux.

Les *leucolytes* et les *chroïcolytes* sont tous solides, à l'exception d'un seul, le *mercure*, qui est liquide; ils ne forment jamais de gaz, et ils se fondent plus difficilement que les précédents.

Caractères cristallographiques.

Un grand nombre de minéraux se présentent dans la nature sous la forme de polyèdres ou cristaux, et sont assujettis aux lois suivantes :

1° Les polyèdres sont terminés par des faces planes ;

2° Ces faces sont ordonnées symétriquement, soit toutes ensemble, soit par parties, par rapport à une ou plusieurs lignes qu'on appelle axes ;

3° Dans la plupart des cristaux, les faces sont parallèles deux à deux ;

4° Enfin les angles des cristaux sont toujours saillants et jamais rentrants.

Ces lois, qui sont générales, offrent quelquefois, cependant, des exceptions apparentes ; mais le plus léger examen en montre immédiatement la cause. Ainsi, certains minéraux, tels que l'oxyde d'étain, le feldspath, etc., présentent souvent un angle rentrant dû au croisement symétrique de deux cristaux ; l'on dit que ces minéraux sont maclés, et cela s'appelle une hémitropie : dans ce cas, le plan de jonction de deux cristaux est ordinairement parallèle à ceux des faces du cristal simple, ou à un de ses plans diagonaux.

Il est à remarquer que beaucoup de minéraux cristallisés possèdent un ou plusieurs clivages, c'est-à-dire qu'ils peuvent se diviser en lames, suivant une ou plusieurs directions ; ces clivages sont soumis aux lois suivantes :

1° Dans un même minéral les clivages sont toujours semblablement disposés ; ils forment des angles constants entre eux, ainsi qu'avec les faces du cristal.

2° Quand il existe trois directions de lames, ces directions constituent par leur réunion un solide de clivage qui a constamment les mêmes angles pour une même espèce, et la détermine d'une manière précise.

3° Dans une même substance, et quel que soit le nombre des clivages, ceux-ci sont ordinairement constants dans leur degré de netteté, et cette netteté est elle-même en rapport avec la nature des faces auxquelles ils correspondent.

PREMIÈRE CLASSE.

Gazolytes.

La classe des *gazolytes* se divise en deux familles bien faciles à distinguer : la première renferme les gazolytes qu'on trouve naturellement à l'état de gaz dans l'intérieur ou à la surface de la terre ; la seconde comprend ceux qui y sont à l'état solide.

1re FAMILLE. — Gazolytes aériformes.

Cette famille compte sept corps : quatre simples et trois composés ; ce sont : l'*oxygène*, l'*hydrogène*, le *chlore*, l'*azote*, l'*air*, la vapeur d'*eau* et l'*ammoniaque*. L'étude de ces corps étant plus particulièrement du domaine de la chimie, nous n'en parlerons point ici.

2e FAMILLE. — Gazolytes solides.

Cette famille renferme cinq genres principaux, savoir : le *soufre*, le *phosphore*, le *carbone*, l'*arsenic* et la *silice*.

SOUFRE.

Le SOUFRE en brûlant répand une odeur particulière qui a reçu le nom de *sulfureuse*. Sa couleur est jaune pâle ; il entre en fusion à 111° ; sa substance est sèche et fragile ; il devient électrique par le frottement. On trouve le soufre à l'état natif ou combiné à des corps métalliques. Brûlé avec du nitre, il donne naissance à l'acide sulfurique, nommé vulgairement *huile de vitriol*. Il entre dans la composition de la poudre à canon ; il sert à sceller le fer dans la pierre. On l'emploie pour faire des moules et prendre des empreintes de médailles et de pierres gravées ; on en fait des mèches et des allumettes ; il donne une couleur bleue à la flamme des feux d'artifice. La vapeur du soufre en combustion, appelée *acide sulfureux*, est délétère ; elle sert à blanchir la soie et la laine ; on doit à la combinaison du soufre avec l'hydrogène (*acide sulfhydrique*) en dissolution dans l'eau, des eaux minérales sulfureuses.

Le soufre s'extrait en grande partie des mélanges terreux qu'on trouve aux environs des volcans et des cratères de volcans éteints.

PHOSPHORE.

Le PHOSPHORE n'existe pas pur dans la nature, et il s'y trouve rarement à l'état de combinaison. Son nom, qui veut dire *porte-lumière*, lui a été donné parce qu'il est lumineux dans l'obscurité. Il brûle spontanément au contact de l'air; son point de fusion est 44°. Pour l'obtenir à l'état de pureté, il faut le fabriquer artificiellement, et le conserver dans des vases pleins d'eau et fermés hermétiquement; on l'extrait des matières animales et surtout des os, dans la composition desquels il entre pour une notable proportion.

CARBONE.

Le CARBONE est beaucoup plus commun que le soufre; il fait partie de tous les êtres organisés, de l'acide carbonique, de la houille, du succin, etc. A l'état de pureté complète, il constitue le *diamant*, dont tout le monde connaît le prix et la rareté. Nous parlerons successivement des divers corps qu'il forme, en commençant par le *diamant*.

Ce dernier est le plus dur de tous les corps connus. Sa propre poussière peut seule l'entamer et le polir. Sa belle transparence, la manière dont il réfracte les rayons lumineux le distinguent de toutes les autres pierres. Chauffé à blanc dans un courant d'oxygène pur, il brûle sans laisser de résidu. Il dégage de l'électricité par le frottement.

Les diamants nous viennent de l'Inde et du Brésil. Ceux de l'Inde, connus depuis longtemps, se trouvent principalement dans les royaumes de Golconde et de Visapour. Ceux du Brésil, découverts au commencement du dix-septième siècle, appartiennent au district de Serro-do-Frio. Tous se rencontrent dans des dépôts de matières arénacées, et, par conséquent, de transport. Ces dépôts, toujours plus ou moins terreux et ferrugineux, appartiennent à une formation assez moderne, et sont situés partout à la surface du globe.

Le procédé par lequel on taille et on pó-
lit le diamant avec sa propre poussière fut
découvert en 1456 par Louis de Berquem.

Voici les formes que l'on donne le plus
ordinairement aux diamants taillés :

La *rose*, pour les pierres dont on veut
ménager l'épaisseur, et qu'on ne taille
que par dessus; le *brillant*, pour les pierres qu'on peut tailler par dessus comme
par dessous.

Plus les diamants sont volumineux, plus
ils sont rares, et aussi plus leur prix est
élevé.

La pureté d'un diamant ajoute beaucoup
à sa valeur.

On n'en connaît que quelques-uns dont
le poids s'élève au-dessus de 20 grammes.
Les plus gros diamants connus sont :

Le *Kohi-Noor* (montagne de lumière),
exposé à Londres en 1851, pesant 77^{gr},90.

Le diamant du rajah de Mattam,
à Bornéo, pesant environ   63 gr.

Celui de l'empereur du Mogol,   59

Celui de l'empereur de Russie,   41

Celui de l'empereur d'Autriche, 29,53

Celui de la couronne de France, 28,89

Ce dernier est parfait sous tous les
rapports; on le nomme le *Régent*; son

poids, avant la taille, était de 87 grammes. Il a coûté quatre années de travail, et 2,250,000 francs. Il est aujourd'hui estimé plus du double.

Le diamant est employé dans les arts à couper le verre et à graver sur les pierres dures. Mais si le carbone à l'état de pureté est si rare, le carbone impur est au contraire très-commun. En effet, mêlé avec quelques centièmes de fer, le carbone constitue le *graphite*, vulgairement et improprement appelé *plombagine* ou *mine de plomb*, et qui se trouve toujours en couches ou amas plus ou moins considérables, le plus ordinairement dans les terrains *intermédiaires*.

Imprégné de bitume, le carbone constitue la *houille*, qui appartient aux parties inférieures des terrains *secondaires*.

HOUILLE.

La HOUILLE, ou *charbon de terre*, rend aujourd'hui d'immenses services dans l'industrie et dans l'économie domestique : elle remplace avec une notable économie le bois de chauffage ; elle est le principal élément de la préparation du gaz d'éclairage. La houille est une substance bitumineuse, qui doit son origine à l'entassement de végétaux engloutis dans le sein de la terre. On distingue plusieurs espèces de houille : la houille *grasse*, qui est riche en bitume ; la houille *maigre*, qui en contient moins ; l'*anthracite*, qui est dure et pierreuse, et brûle difficilement ; le *lignite*, qui est du bois moins altéré que la houille commune.

BITUME

Le BITUME est liquide ou solide : liquide, il se nomme *pétrole*, c'est-à-dire *huile de pierre*, parce qu'il découle des rochers ; solide, il se trouve à la surface des produits volcaniques : il flotte en abondance dans la mer *Morte*, appelée aussi *lac Asphaltite*, du nom d'asphalte, sous lequel on désigne une espèce particulière de bitume. Le pétrole sert en Perse et au Japon pour l'entretien des lampes.

SUCCIN.

Le SUCCIN, vulgairement appelé *ambre jaune*, est, en effet, d'un jaune doré et transparent ; les anciens le nommaient *electrum*, d'où est venu le nom d'*électricité*, cette substance ayant à un haut degré la propriété d'attirer les corps légers. Le succin paraît être une sorte de résine végétale à l'état fossile ; on en fait des bijoux, et on l'emploie dans la composition du *vernis anglais*, destiné à conserver au cuivre son poli et son lustre.

ARSENIC.

L'ARSENIC se trouve dans la nature soit à l'état natif, soit à l'état de combinaison avec l'oxygène, le soufre et quelques autres métalloïdes. La plupart de ses composés sont plus ou moins vénéneux. Le plus connu est l'*acide arsénieux*, poison violent dont on peut cependant combattre les effets au moyen du *peroxyde de fer*. Cet acide entre dans la composition du verre comme fondant. On l'emploie aussi dans la teinture pour fixer les couleurs, et dans l'art vétérinaire pour détruire les chairs attaquées et assainir les plaies envenimées. L'arsenic est gris-noirâtre et doué d'un éclat métalloïde qui se ternit promptement à l'air.

Le sulfure jaune d'arsenic s'appelle *orpiment*; le sulfure rouge prend le nom de *réalgar*.

SILICE.

La SILICE tire son nom du mot latin *silex*, caillou; elle forme, en effet, la base de ce corps et de tous ceux qui lui ressemblent pour la composition, tels que le sable, le cristal de roche, etc. Elle est infusible au feu le plus ardent quand elle est pure; pour la fondre, il faut la mélanger avec une certaine quantité de soude ou de potasse, et alors elle se transforme en *verre*.

Cette substance est une des plus répandues dans la nature; elle forme plus du tiers de la masse totale de la partie solide du globe.

Nous diviserons ce genre en deux sous-genres: le premier comprend les espèces où la silice est à peu près pure, telles que le *quartz*, le *silex* et l'*opale*.

Le *quartz* est facile à reconnaître par sa belle transparence et la propriété qu'il a de ne pas perdre ses couleurs au feu. Ses variétés sont nombreuses et toutes fort remarquables.

Le *quartz hyalin* se présente tantôt sous la forme de cailloux transparents, arrondis par le frottement et qui prennent divers noms, selon les lieux d'où on les tire (cailloux du Rhin, de Cayenne, de Médoc, etc.); tantôt il offre des grains arrondis sans cohésion et qui ont une surface vitreuse ; c'est le *sable des jardins*. Quand il est d'une transparence limpide, d'une dureté considérable qui le rend susceptible d'un beau poli, et qu'il se présente en cristaux prismatiques, il s'appelle *cristal de roche*. Ce qui frappe à la première vue dans cette belle pierre, c'est sa forme régulière, accusée nettement par des facettes planes, unies et aussi brillantes que si on les eût fait tailler par un lapidaire.

La couleur et la transparence du cristal de roche varient suivant les substances qui y sont mêlées, et alors il reçoit différents noms : *fausse améthyste*, *faux saphir, rubis de Bohême* et *de Silésie, topaze occidentale, hyacinthe de Compostelle,* etc.

Le *quartz-jaspe* est un composé de quartz et d'une argile ferrugineuse qui lui donne différentes couleurs. Le *jaspe fleuri* est celui dans lequel plusieurs couleurs se trouvent mêlées sans ordre.

Le *quartz pseudomorphique* est celui dont la forme est trompeuse. Lorsque sa substance s'est moulée dans d'autres substances animales ou végétales et qu'elle en a pris la forme, il en prend aussi le nom. Ainsi on appelle *quartz conchyloïde* celui qui a pris la figure des oursins ; *ammonite,* celui qui a pris la forme de la corne d'Ammon, et *quartz xyloïde,* c'est-à-dire ligneux, celui qui s'est moulé dans les fibres d'un bois, et qu'on appelle *bois fossile.*

Parmi les espèces les plus communes de silex, nous citerons le *silex pyromaque,* ou *pierre à fusil,* le *silex molaire,* avec lequel on fait les meules à aiguiser, et le *silex grenu,* qu'on emploie pour la bâtisse, le pavage, etc. Le grès est composé de petits grains de différentes figures et le plus souvent arrondis, plus ou moins liés ensemble par un ciment argileux. On trouve le grès en blocs enfouis dans le sable, ou étendus par bancs, entre des couches de terre ou de pierres de nature différente.

Les *opales* sont généralement plus transparentes que les silex et doivent leur couleur laiteuse à l'eau qu'elles contiennent. Ces pierres sont peu communes et d'un prix assez élevé ; elles sont très-recherchées dans le commerce de la joaillerie.

Le second sous-genre de silice renferme les espèces où le quartz est combiné avec l'alumine : tels sont le *grenat*, le *mica*, l'*asbeste*, le *talc* et le *feldspath*.

Le *grenat* est un minéral remarquable par sa dureté et par sa couleur d'un rouge plus ou moins éclatant. Cette pierre est assez estimée dans le commerce de la bijouterie. Les anciens l'appelaient *pyrope* ou *escarboucle*.

Le *mica* est une substance transparente qui se divise en lames flexibles et élastiques d'une extrême ténuité. Il sert en Sibérie et en Moscovie, au lieu de vitres, pour les fenêtres et pour les lanternes. On le trouve aussi en paillettes ayant l'éclat et la couleur de l'argent ou de l'or, et qui ont plus d'une fois trompé la cupidité des voyageurs ignorants.

L'*asbeste* varie pour la dureté ; certaines espèces ont la mollesse du coton et d'autres possèdent la propriété de rayer le verre. L'asbeste flexible se nomme vulgairement *amiante*. Les anciens en faisaient des toiles incombustibles, dont ils se servaient pour brûler les morts et recueillir leurs cendres sans mélange. On possède à Rome, dans la bibliothèque du Vatican, un suaire de cette substance, qui contient encore des cendres et des os.

Le *talc* est composé de feuillets plus ou moins transparents et flexibles. Il se réduit facilement en une poudre onctueuse et grasse au toucher. Le *talc écailleux*, ou *craie de Briançon*, sert aux tailleurs pour tracer la coupe des habits. Le *talc gras* donne la *craie d'Espagne* ; le *talc graphique*, ou *pierre de lard*, entre dans la composition de certaines porcelaines de la Chine ; le *talc vert* est employé dans la peinture à l'huile, sous le nom de *terre de Vérone*. La *pierre ollaire* (du latin *olla*, marmite) sert à la fabrication de diverses espèces de poteries. La *serpentine* fournit la matière de plusieurs objets d'ornement, tels que des socles, des colonnes, etc.

Le *feldspath* est presque aussi dur que

le quartz ; il raye facilement le verre. Il est composé de silice, d'alumine et de potasse. Quand il est bien transparent et qu'il offre de belles nuances, on l'emploie dans la joaillerie. Le feldspath se décompose dans l'intérieur du globe ; l'alcali se dissout, tandis que la silice et l'alumine forment une masse friable qui reste mélangée à quelques petits grains de quartz, et constitue une espèce de terre fine apelée *kaolin*, qui sert à la fabrication de la porcelaine.

DEUXIÈME CLASSE.

Leucolytes.

Ce mot est formé de deux mots grecs qui signifient *dissolution blanche* ; il s'applique à certains minéraux qui, fondus ou dissous dans les acides, leur communiquent une couleur laiteuse.

Cette classe se divise en trois familles : les *leucolytes terreux*, les *leucolytes alcalins* et les *leucolytes métalliques*.

1re Famille. — Leucolytes terreux.

Ces minéraux sont quelquefois désignés sous le nom collectif de *terres* ; les principales de ces terres sont la *zircone*, l'*alumine* et la *magnésie*.

1° La zircone est très-rare dans la nature, et se trouve toujours unie avec la silice. Elle forme une pierre dure employée dans la bijouterie et connue sous les noms d'*hyacinthe* ou de *jargon*, selon qu'elle est plus ou moins transparente. On en distingue de différentes couleurs ; la plus estimée est d'un beau rouge.

2° L'alumine tire son nom de l'alun, dont elle fait la base. Cette substance est extrêmement commune ; elle constitue des masses considérables, mais elle est rarement pure. Pure, elle forme des cristaux dont la transparence et la dureté ne le cèdent qu'à celles du diamant.

Nous trouvons ici toute la brillante famille des pierres précieuses : le *saphir blanc* et *bleu*, la *topaze orientale*, l'*améthyste*, ainsi nommée parce que les Grecs la regardaient comme un préservatif de l'ivresse ; la *cymophane*, la *spinelle* aux reflets écarlates, la *topaze*, la *tourmaline*, la *staurotide*, vulgairement nommée *pierre de croix*, parce que ses cristaux sont croisés ; le *lapis-lazuli* ou *pierre d'azur*, dont on extrait ce beau bleu autrefois si recherché dans la peinture ; le *rubis*, qui tient le premier rang après le diamant.

On voit beaucoup de rubis bruts de forme arrondie ou ovale ; ce sont ceux qui ont été ramassés dans le lit des rivières, et qui, entraînés par les eaux, ont perdu leur forme angulaire par le frottement qu'ils ont éprouvé les uns contre les autres.

La *turquoise* est une pierre opaque, d'un bleu céleste, quelquefois verte ; c'est à l'oxyde de cuivre qu'elle doit sa couleur.

L'émeraude, connue par sa belle couleur verte, est une combinaison de silicate d'alumine avec le silicate de glucine.

Cette pierre, ainsi que l'aigue-marine qui en est une variété, appartient aux dépôts de granite graphite. On la trouve en cristaux disséminés à Chanteloube, près de Limoges, à Nantes, en Suède, en Sibérie.

L'alumine impure constitue les argiles, si utiles à l'art céramique : *l'argile de Montereau ; l'argile de Savignies*, près Beauvais, dont on fait la poterie de grès ; *l'argile smectique* ou *terre à foulon*, dont on se sert pour enlever aux étoffes de laine l'huile employée dans leur fabrication ; *l'argile figuline de Vanves* et *d'Arcueil*, dont on fait des poteries grossières.

Les *ocres* sont des argiles colorées par de l'hydrate d'oxyde de fer.

L'alun est rare dans la nature ; mais comme on en fait un grand usage dans les arts, on a cherché à le composer artificiellement, et on y est si bien parvenu qu'on ne trouve pas de différence sensible entre l'alun naturel, qu'on nomme vulgairement *alun de plume*, et l'alun artificiel.

On forme ce sel par la combinaison de l'acide sulfurique, de la potasse et de l'alumine.

3° La MAGNÉSIE est très-abondante dans le règne minéral, mais à l'état de combinaison ; on l'obtient sous deux formes :

1° La *magnésie sulfatée* (unie à l'acide

sulfurique), appelée vulgairement *vitriol de magnésie, sel d'Angleterre, sel d'Epsom*, est employée en médecine à cause de ses propriétés purgatives.

L'eau de la mer contient beaucoup de ce sel.

2º La *magnésie boratée* (unie à l'acide borique) s'électrise par la chaleur.

2ᵉ FAMILLE. — Leucolytes alcalins.

Cette famille comprend des minéraux qu'on désigne sous le nom *d'alcalis*. Ils sont solubles dans l'eau, et se font remarquer par une saveur âcre et caustique. On ne les rencontre jamais purs dans la nature ; ils sont toujours combinés, soit entre eux, soit avec d'autres substances. Tous peuvent s'unir avec les huiles fixes et les corps gras, pour former des savons solides ou liquides.

On compte six alcalis, dont les principaux sont la *chaux*, la *potasse*, la *soude* et l'*ammoniaque*.

1º La CHAUX est la première et la plus

intéressante de ces substances ; parmi ses espèces on distingue :

La *chaux carbonatée* (unie à l'acide carbonique) ou *spath calcaire*, dont la cristallisation offre un grand nombre de modifications qui lui font prendre des noms différents. Le *spath d'Islande* a la propriété de doubler les images des objets placés au-dessous de sa surface. Ses diverses espèces présentent des formes très-variées, dont les plus habituelles sont celles-ci :

Le carbonate de chaux, en se combinant avec des dissolutions métalliques, produit les nombreuses variétés du marbre, dont quelques-unes sont très-précieuses. On appelle *saccharoïde*, c'est-à-dire ayant l'apparence du sucre, le marbre statuaire que l'on tire de Carrare, et qui prend un si beau poli. La *pierre de Tonnerre* et la *pierre de liais*, propres toutes les deux à la sculpture, sont des concrétions plus grossières de la chaux carbonatée. Le *blanc de Troyes*, ou *blanc d'Espagne*, qu'on emploie dans les arts, est fait avec de la *craie*, ou *carbonate de chaux crayeux*.

Le calcaire uni à l'acide carbonique se

concrétionne souvent en *stalactites*. On appelle ainsi des dépôts formés dans les fissures des grottes par des eaux qui filtrent goutte à goutte. Les stalactites sont ordinairement creuses et allongées; leur réunion ressemble à ces congélations qui se forment le long des toits pendant l'hiver, et elle produit le plus bel effet.

La chaux carbonatée, privée par l'action du feu de son acide carbonique, entre dans la composition du *mortier*, et sert à *empâter* les grains de sable, qui n'offriraient sans cela aucun moyen d'adhérence.

La *chaux phosphatée* (unie à l'acide phosphorique) entre dans la composition des os. La *chrysolithe d'Espagne* est un produit de la cristallisation de cette espèce.

La *chaux fluatée* (unie à l'acide fluorique) reçoit divers noms, d'après ses couleurs et le mode de sa cristallisation. La *rouge* est le faux rubis balais; la *violette*, la fausse améthyste; la *verte*, la fausse émeraude; la *bleue*, le faux saphir; la *jaune*, la fausse topaze.

La *chaux sulfatée* (unie à l'acide sulfurique) est appelée *gypse*. Réduite en poudre, le forme le *plâtre*. En agriculture, elle est employée pour engraisser et amender les terres.

On compte plusieurs variétés de gypse. Le *gypse spéculaire*, qu'on nomme ordinairement *miroir d'âne*, est transparent; il servait de vitre aux anciens, qui ne connaissaient pas le verre.

La seconde variété est le *gypse compacte*, ou albâtre gypseux, qui forme de si belles stalactites dans certaines cavernes; il ne faut pas le confondre avec le véritable albâtre, qui est un carbonate de chaux. On en fait des vases d'une grande beauté et divers objets d'ornement.

Le gypse *grossier*, ou *pierre à plâtre*, se trouve dans les terrains secondaires et tertiaires. Il compose une grande partie des carrières de Montmartre.

Le gypse est très-répandu dans la nature; il forme des masses énormes dans l'intérieur de la terre, et l'on a remarqué que les eaux qui passent à travers ces masses s'en chargent plus ou moins et deviennent crues et de digestion difficile.

2° La POTASSE est beaucoup moins abondante que la chaux, mais ne laisse pas d'être fort utile dans les arts. A l'état de pureté, cet alcali est un des réactifs chimiques les plus usités ; il entre dans la composition du savon noir, et la médecine l'emploie sous le nom de *pierre à cautère*. Mais la nature ne nous fournit pas de potasse pure ; elle est unie avec divers corps, et surtout avec l'acide nitrique. Cette combinaison est désignée sous le nom de *salpêtre* ou de *nitre*, ou mieux de *nitrate de potasse*.

Ce sel se forme journellement sur les murs des étables, bergeries, écuries, caves, basses-cours, et, en général, partout où se trouvent des matières animales en putréfaction. Il existe quelquefois tout formé dans la nature ; plusieurs plantes en contiennent, mais en petite quantité. On retire du nitrate de potasse, distillé avec une terre argileuse, l'*acide nitrique*, appelé vulgairement *eau-forte*, dont on se sert dans les arts pour dissoudre différents métaux, pour graver sur cuivre et sur acier, sur le marbre, pour les travaux des chapeliers, des peintres, etc.

3º La soude ressemble beaucoup à la potasse ; elle n'existe pas dans la nature à l'état de pureté ; elle y est toujours combinée avec le chlore, ou avec les acides borique et carbonique.

Le *chlorhydrate de soude*, ou *chlorure de sodium*, est connu vulgairement sous le nom de *sel commun* ou *sel de cuisine*. Le sel commun, appelé aussi *sel marin*, s'obtient par l'évaporation des eaux de la mer, des lacs et des fontaines qui le contiennent en dissolution

La décomposition du *chlorhydrate de soude* fournit *l'acide chlorhydrique* et le *chlore*, que le savant Berthollet a appliqué le premier au blanchissage des fils et des toiles : on se contentait auparavant de les exposer à l'air, pour que l'oxygène de l'atmosphère, en s'unissant aux parties colorantes, les rendît solubles dans les diverses lessives où on les passait successivement.

Le sel que l'on trouve tout formé dans le sein de la terre se nomme *sel gemme* ; il se présente en masses énormes que l'on exploite comme des *carrières*. La plus célèbre de ces mines est celle de Wieliska, près de Cracovie, en Pologne ; elle fournit annuellement sept cent cinquante mille quintaux de sel, et cependant, telle est sa fécondité, que, depuis six cents ans qu'elle est ouverte, elle ne paraît pas s'épuiser.

La combinaison de la soude avec l'acide borique, que les chimistes nomment *bo-*

rate de soude, et le commerce *borax*, donne un sel beaucoup moins abondant que le sel commun. On ne le trouve que dans certains lacs des Indes orientales, du Tibet, de la Chine, etc.; mais on le fabrique artificiellement en combinant avec de la soude l'acide borique, qu'on trouve dans certains lacs d'Italie.

La combinaison de la soude avec l'acide carbonique est connue dans le commerce sous le nom de *natron*, ou simplement de *soude*, en chimie sous celui de *carbonate de soude*.

Cette substance abonde en Egypte, dans l'eau des lacs, et se trouve quelquefois en Europe, à la surface de la terre et sur les parois des murs. On la rencontre aussi dans les cendres de plusieurs végétaux. La facilité avec laquelle elle se fond l'a fait adopter pour les travaux des verreries; rendue caustique et unie à la graisse ou à l'huile, elle forme le savon.

Le chlorhydrate d'ammoniaque, appelé plus vulgairement *sel ammoniac*, vient en grande partie de l'Egypte; c'est le produit de la suie obtenue par la combustion de la fiente de chameau.

A l'exception de l'ammoniaque, qui est

un composé d'hydrogène et d'azote, tous ces *leucolytes*, terreux ou alcalins, ont pour radical un métal dont ils ne sont que les oxydes. Ainsi la *zircone* est l'oxyde du zirconium, l'*alumine* est l'oxyde de l'aluminium.

Des travaux récents font espérer que ce dernier métal, qui n'a encore pu être séparé de son oxygène que par des procédés longs et coûteux, finira par être produit en grand et à un prix qui en permettra l'usage général. L'aluminium est d'un blanc qui tient le milieu entre l'argent et l'étain; il est inattaquable à tous les acides, sonore, malléable, et moins pesant que l'argent.

3ᵉ Famille. — Leucolytes métalliques.

On compte sept genres dans cette famille; ce sont : l'*antimoine*, l'*étain*, le *zinc*, le *plomb*, le *bismuth*, le *mercure* et l'*argent*.

ANTIMOINE.

L'ANTIMOINE se trouve à l'*état natif*, c'est-à-dire pur, et combiné avec l'oxygène et avec le soufre. C'est de cette dernière combinaison qu'on tire presque tout le métal nécessaire aux besoins des arts. Son point de fusion est à 450°. L'une de ses préparations les plus importantes et les plus usitées dans l'art de guérir est l'émétique (ἐμετὸς en grec), qui n'est qu'une composition d'*antimoine*, d'*acide tartrique* et de *potasse*; il fait aussi partie du *kermès* minéral.

ÉTAIN.

L'ÉTAIN est un des métaux les plus légers. Il fond à 228°. On en fait divers ustensiles de ménage. Allié au cuivre, en proportion variable, il constitue le *bronze*. Les chaudronniers en revêtent les vases en cuivre, ce qui s'appelle les *étamer*. Le *fer-blanc* est du fer trempé dans un bain d'étain. Amalgamé avec le mercure, l'étain forme le *tain* des glaces, qui a la propriété de réfléchir les objets avec une extrême netteté. L'étain calciné donne de la *potée* d'étain qui sert à polir les pierres dures.

ZINC.

Le ZINC n'existe pas à l'état de pureté dans la nature : il est ordinairement combiné avec l'oxygène ou le soufre. Dans le premier cas, il forme la *calamine*; dans le second, la *blende*. Il fond à 500°. On se sert de ce métal pour fabriquer le laiton, en l'alliant avec le cuivre.

Les propriétés du zinc sont analogues à celles du plomb et de l'étain. Réduit en poudre, on l'emploie dans les feux d'artifice, pour produire les flammes blanches.

PLOMB.

Le PLOMB est le moins sonore, le plus ductile des métaux, c'est aussi un des plus pesants. Il est rare de le trouver à l'état natif. Son point de fusion est 335°. Les vases qu'on façonne avec le plomb sont dangereux, parce que les acides les attaquent facilement et que tous les sels de plomb sont des poisons. L'oxyde de plomb, obtenu par la calcination, se nomme *li-*

tharge. Si le feu a été très-vif, on obtient le *massicot*, qui sert à peindre en jaune ; le *minium*, qui donne une couleur rouge.

Le *plomb sulfuré*, ou *sulfure de plomb*, se nomme aussi, et plus vulgairement, *galène* ; il se présente sous la forme d'un *cube*. Cette substance est très-abondante ; les potiers l'emploient sous le nom d'*alquifoux*, pour vernir les vases de terre et de grès. Le principal usage de la *galène* est de fournir le plomb du commerce. En la grillant au feu, on fait évaporer le soufre ; le plomb reste seul, ou uni à une petite quantité d'argent.

La combinaison artificielle du plomb avec le vinaigre produit l'*extrait de Saturne*, qui est fort usité en médecine.

BISMUTH.

Le BISMUTH se trouve plus fréquemment à l'état natif qu'à l'état de combinaison. Il fond à 264°. Ses usages sont assez variés : uni à l'étain, il lui donne plus de dureté ; combiné avec le même métal et avec le plomb, il produit des alliages très-fusibles, et utiles pour prendre des empreintes de médailles ; son oxyde constitue le *blanc de fard* ; il entre aussi dans la composition des caractères d'imprimerie.

MERCURE.

Le MERCURE est facile à reconnaître par sa fluidité constante, qu'il ne perd qu'à un degré très-bas de l'échelle thermométrique (40 degrés centigrades au-dessous de 0°). Les alchimistes l'avaient nommé *l'eau qui ne mouille pas les mains*, et *hydrargyre* (argent liquide). Sa fluidité et sa couleur l'ont fait aussi apeler *vif-argent*. Ses usages sont très-multipliés : il sert à faire la couleur rouge connue sous le nom de *vermillon*, et entre dans plusieurs préparations pharmaceutiques. On s'en sert aussi beaucoup pour la construction des baromètres et des thermomètres.

La combinaison du mercure avec les métaux se nomme *amalgame*.

Autant le mercure est utile dans les arts, autant il est funeste à ceux qui le mettent en œuvre : les émanations qu'il répand leur occasionnent un tremblement convulsif et des maladies nerveuses, auxquelles ils succombent ordinairement bien avant le terme ordinaire de la vie.

Les minerais de mercure se trouvent dans le commencement de la série des terrains secondaires, principalement dans les grès, les schistes calcaires et les argiles schisteuses.

ARGENT.

L'ARGENT fut connu de toute antiquité; son nom lui vient d'un mot grec qui veut dire *blanc*. C'est, en effet, le plus blanc de tous les métaux.

L'argent se distingue de l'étain par son éclat, et du platine par sa légèreté; il rend d'ailleurs, quand il est frappé, un son qui n'appartient qu'à lui et qu'on appelle *son argentin*.

Les mines d'argent sont communes dans toutes les parties du monde; mais les plus productives sont celles d'Amérique. Le Pérou en renferme plus de sept cents; celles du Mexique produisent annuellement plus de 50 millions. Toutes les mines d'argent fournissent ce métal à l'état natif; mais on l'y trouve aussi combiné avec d'autres substances, telles que le soufre et l'antimoine.

Les usages de l'argent sont extrêmement variés : le principal est de servir à la fabrication des monnaies.

La médecine emploie fréquemment le *nitrate d'argent*, ou *pierre infernale*, comme caustique. Avec de l'argent, de l'acide nitrique et de l'alcool, on fabrique une poudre fulminante, nommée *poudre d'Howard*, que le moindre frottement fait éclater.

L'argent s'allie avec la plupart des métaux que nous avons étudiés : ainsi, il forme avec le plomb une masse tendre, moins sonore que l'argent pur; il s'allie avec le bismuth, l'arsenic, le zinc, l'antimoine, et donne des alliages qui sont tous cassants.

L'argent uni au cuivre devient plus sonore et plus dur.

TROISIÈME CLASSE.

Chroïcolytes.

Les corps de cette classe se distinguent des précédents par deux caractères principaux, fondés sur leur *fixité* [1] et sur la nature des solutions qu'ils forment avec les acides, solutions qui sont toujours colorées en vert, en bleu, en jaune, en rouge, etc.

On divise cette classe en deux familles, dont l'une comprend les métaux ductiles et malléables, et l'autre ceux qui sont naturellement cassants, ou du moins très-peu extensibles à la filière ou sous le choc du marteau.

1re FAMILLE. — Chroïcolytes ductiles.

PLATINE.

Le PLATINE est d'un blanc argentin, inaltérable à l'air, infusible à la température la plus forte que puissent produire nos fourneaux; la chaleur du chalumeau à oxygène est seule assez puissante pour le fondre; son poids spécifique, qui surpasse celui de tous les métaux, est vingt et une fois plus considérable que celui de l'eau. Ces propriétés rendent le platine très-utile

[1] On appelle corps *fixes* ceux qui ne peuvent être réduits en gaz.

à la chimie et aux arts. On en fait des pointes de paratonnerres, des lumières de fusil, des creusets pour les laboratoires, des chaudières et des alambics pour chauffer et distiller les acides qui attaquent les autres métaux, des miroirs de télescopes, qui ont l'avantage de ne pas se ternir comme ceux que l'on fabrique avec les autres métaux, et de ne pas rendre l'image double, comme le font les glaces. Le platine se forge et se travaille au marteau. Il a, comme le fer, la propriété de se souder avec lui-même à une température élevée.

Le platine a été inconnu en Europe jusqu'en 1735 ; il fut découvert au Pérou par don Ulloa, géomètre espagnol ; on ne l'a encore trouvé que dans les mines d'or de l'Amérique et des monts Ourals. Il se présente sous la forme de petits grains, dont la grosseur excède rarement celle d'un pois.

OR.

L'OR paraît avoir été connu de toute antiquité. C'est, après le platine, le plus pesant de tous les minéraux. Il surpasse en ductilité tous les autres métaux : un grain d'or peut être aplati au point de former une feuille de 4 mètres carrés. Son point de fusion est à 1,800°.

Mais ce qui le rend surtout précieux, c'est son inaltérabilité ; l'air et l'eau n'ont point d'action sur lui, et, parmi les acides, l'eau régale est le seul qui l'attaque.

L'or existe souvent à l'état de pureté dans la nature ; ordinairement il est allié à l'argent dans des proportions qui varient. Cet alliage se trouve en paillettes, en cristaux, ou en petites masses qu'on désigne sous le nom de *pépites*. On le retire de sa gangue par le moyen du mercure, avec lequel il s'amalgame.

L'or natif se trouve ordinairement dans des sables quartzeux désagrégés, qui proviennent de la destruction de roches cristallines, et forment souvent des alluvions très-étendues. Les alluvions aurifères se rencontrent principalement dans des vallées ouvertes, au milieu de montagnes primitives, dans lesquelles on a trouvé quelquefois des parcelles d'or sur place. Les mines les plus importantes se trouvent au Brésil, au Mexique, au Chili, en Afrique, dans les monts Ourals et Altaï en Sibérie, enfin en Californie et en Australie.

Il existe de l'or en paillettes dans les sables charriés par toutes les rivières qui sortent des terrains primitifs, ou qui traversent une grande étendue de ces terrains. En France, on trouve de l'or dans les Pyrénées, dans les alluvions de l'Ariége, dans celles du Gardon dans les Cévennes, de la Garonne, du Rhin près de Strasbourg. Mais ce métal s'y rencontre en trop petite quantité pour qu'on puisse en faire l'objet d'une exploitation régulière.

L'or s'emploie à des usages nombreux et trop connus pour qu'il soit nécessaire de les énumérer.

FER.

C'est le plus utile, et aussi, grâce à Dieu, le plus abondant de tous les métaux. Cependant, il ne se trouve à l'état natif ou pur que dans les aérolithes ; il prend alors le nom de *fer météorique*. Il est très-répandu dans la terre, à l'état de combinaison avec les métalloïdes : l'oxygène, le soufre, etc. Les principaux minerais que l'on exploite pour l'extraction du fer sont :

Le *fer oxydulé* ou *fer magnétique* (aimant naturel), d'un noir brillant, cristallisant en octaèdres réguliers, et formant des masses considérables à structure grenue, dans le gneiss et le micaschiste ; ce minerai, qu'on trouve surtout en Suède et en Norwége, donne les fers de la meilleure qualité ;

Le *fer oligiste*, ou fer de l'île d'Elbe, qu'on trouve dans cette île, et, en France, à Framontat dans les Vosges ; c'est aussi un oxydule magnétique ; il se présente en masses compactes, dont les cavités sont tapissées de cristaux rhomboïdes, remarquables par leurs belles couleurs irisées. Pris en masse, il est gris d'acier ; pulvérisé, il devient d'un beau rouge ;

Le *fer oxydé rouge*, ou hématite ; c'est du peroxyde de fer, c'est-à-dire du fer à son maximum d'oxydation. Il est en masses pulvérulentes, d'un rouge plus ou moins vif. On en distingue deux variétés principales : le fibreux, qu'on nomme vulgairement *sanguine* ou *pierre à brunir*, et le compact ou terreux ;

Le *fer hydroxydé*, qui est brun ou jaunâtre, et se distingue du précédent par sa composition, où l'eau entre pour une certaine proportion. C'est le minerai le plus commun en France. On en connaît plusieurs variétés, parmi lesquelles nous citerons le fer hydroxydé fibreux, ou *hématite brune ;* le *géodique,* appelé aussi *aétite* ou *pierre d'aigle ;* le fer *oolithique,* qui est en globules de couleur brune, tantôt libres, tantôt réunis par un ciment argileux, etc.;

Le *fer carbonaté,* gris jaunâtre, tantôt cristallin (fer spathique), tantôt compacte et terreux (fer des houillières) ;

Les *fers sulfurés* ou *pyrites,* qu'on trouve disséminés dans presque tous les terrains, et dont on distingue deux espèces : la pyrite jaune et la pyrite blanche. Ces pyrites, exposées à l'air, en absorbent l'oxygène et se transforment en sulfate de fer (vitriol vert), sel qui est très-employé dans les arts, notamment pour la teinture et pour la fabrication de l'encre.

On extrait le fer de ses minerais en chauffant fortement ceux-ci avec du bois ou du charbon, dans des appareils appelés *hauts fourneaux.* Suivant la nature des opérations métallurgiques, on obtient de la *fonte,* de l'*acier,* ou du *fer doux.* La fonte et l'acier contiennent une certaine proportion de charbon combiné avec le métal. Le fer doux est partaifement pur. Le fer est d'un gris lègèrement bleuâtre ; il ne fond qu'à une température très-élevée ; mais à la chaleur rouge, il se ramollit sensiblement : il peut alors être forgé ; il se soude avec lui-même et demeure susceptible de prendre les formes les plus variées. Le fer est malléable et ductile ; on peut l'étirer en fils d'un très-petit diamètre. Il est extrêmement tenace. A l'état d'acier, il est très-dur et très-élastique. Il est malheureusement très-oxydable et se *rouille* facilement au contact de l'air humide. Les acides même les plus faibles l'attaquent aisément et forment avec lui des sels dont plusieurs reçoivent d'importantes applications.

CUIVRE.

Le cuivre est moins abondant que le fer ; la nature, cependant, en offre des quantités assez considérables pour suffire aux nombreux et utiles emplois que nous en faisons. On le trouve à l'état natif, sous forme de lames, de ramifications et de filons qui accompagnent toujours des minerais. Ceux-ci sont très-nombreux ; mais les plus importants sont le cuivre *sulfuré* ou *pyriteux*, et le cuivre *carbonaté*. Le premier est jaune, tirant quelquefois sur le verdâtre ; sa surface s'altère fréquemment et prend un aspect irisé. C'est le minerai le plus répandu ; il abonde dans les terrains anciens. Le second (encore carbonaté) se distingue en deux variétés : l'une bleue, c'est l'*azurite*, dont il existe une mine en France, aux environs de Lyon ; l'autre verte : c'est la *malachite*, substance à texture fibreuse, dure, susceptible du plus beau poli, et fort recherchée pour les arts d'ornement. La malachite se trouve surtout en Sibérie. Les principales mines de cuivre sont celles de l'Angleterre, de la Suède, de l'Autriche, du Japon, du Pérou, etc. Il en existe aussi de très-riches aux Etats-Unis.

Le cuivre est un métal de couleur rougeâtre, ductile, malléable, sonore, prenant par le poli un vif éclat : c'est un des métaux les plus légers. Il ne fond qu'à une très-haute température, mais il s'oxyde alors aisément. Il se ternit au contact de l'air, en se changeant en carbonate. L'acide sulfurique forme avec lui un sel d'un beau bleu, le *sulfate de cuivre* ou *vitriol bleu*, très-employé dans les arts. On appelle communément *vert-de-gris* les sels véné-neux formés par la combinaison du cuivre avec les acides organiques, notamment le vinaigre et les acides gras. Tous les sels de cuivre sont vénéneux ; on les reconnaît aisément à leur couleur verte ou bleue.

Allié à l'étain, le cuivre constitue le *bronze*. Allié au zinc, il forme le *laiton* ou *cuivre jaune*.

NICKEL.

Le nickel est un métal peu important, à cause de sa rareté qui en restreint les usages dans les arts et l'industrie. Il est très-malléable et facile à fondre. Sa couleur est un blanc tirant sur le gris.

Allié au cuivre, au zinc et au fer, il con-stitue le *maillechort*, avec lequel on fait des couverts et des vases qui imitent l'ar-genterie.

Le nickel ne se trouve dans la nature qu'à l'état de combinaison avec l'arsenic, avec l'oxygène ou avec le soufre.

2º FAMILLE. — Chroïcolytes cassants.

Cette seconde famille est moins nombreuse et moins intéressante que celle qui précède. Toutefois, la découverte des minéraux qu'elle renferme, sans avoir l'importance qu'a eue celle des métaux plus anciennement connus, n'a pas été sans influence sur certaines branches de l'industrie : la peinture et la fabrication du verre en ont surtout tiré de précieux avantages.

La plupart des colorations naturelles d'un grand nombre de pierres dures ne sont dues le plus souvent qu'à la présence d'une petite quantité de ces *chroïcolytes*, et l'art, imitant la nature, s'en est servi pour colorer le verre, la porcelaine, la faïence, etc.

Cette famille renferme une dizaine de métaux, dont les principaux sont : le *manganèse*, le *cobalt* et le *chrôme*.

MANGANÈSE.

Le manganèse est assez répandu dans la nature, mais seulement à l'état d'oxydes. Le plus abondant de ces composés est le peroxyde, dès longtemps connu et employé dans les arts sous les noms de *magnésie noire* et de *savon des verriers*.

Il en existe des gisements abondants en France, en Allemagne et en Angleterre, dans les Pays-Bas, en Hongrie, etc. Il se présente en masses noires quelquefois douées d'un faible éclat métallique, mais le plus souvent amorphes et friables, et donnant, lorsqu'on les pile dans un mortier, une poudre noire mélangée d'un peu d'oxyde de fer jaune-rougeâtre. Le manganèse métallique se rapproche du fer par ses propriétés. On ne l'obtient jamais tout à fait pur, mais toujours combiné avec une petite quantité de carbone. Il est alors d'un blanc-grisâtre, cassant, assez dur pour rayer l'acier trempé ; moins fusible que le fer. Sa densité est à peu près égale à celle du cuivre. Il absorbe l'oxygène avec une extrême facilité, décompose l'eau à la température ordinaire, et ne peut être conservé à l'abri de l'oxydation que plongé dans de l'huile de naphte.

COBALT.

Le COBALT se rapproche beaucoup de la nature du manganèse et se prête aux mêmes combinaisons. C'est un métal d'un

gris blanc, cassant et légèrement magnétique, comme le fer.

Son nom, qui signifie *être malfaisant*,
lui a été donné à cause des vapeurs arse-
nicales qui l'accompagnent et qui ont fait
croire aux mineurs à la présence d'un mau-
vais génie. L'oxyde de cobalt, fondu avec
du sable fin bien pur, forme ce verre bleu,
nommé *smalt*, que l'on pulvérise pour
faire le *bleu d'azur*, ou *bleu de Saxe*, et
qui sert à colorer les émaux, les porcelaines, les faïences.

Ce métal fond à peu près au même degré de chaleur que le fer, à environ 130°
du pyromètre de Wedgwood. Brandt paraît avoir été l'auteur de sa découverte.

Nous avons, en France, des mines de
cobalt; mais les principales sont en Allemagne.

CHRÔME.

Le CHRÔME fut découvert par Vauquelin
en 1797; il est très-remarquable par sa
légèreté, et surtout par les belles couleurs
que ses combinaisons fournissent aux arts.
Ce métal est grisâtre, très-dur et tout à fait

infusible; uni à l'oxygène, il prend une belle couleur rouge ou verte.

Le protoxyde de chrôme s'emploie dans la peinture sur porcelaine pour obtenir le vert foncé.

Le chrôme a été découvert dans le département du Var, où il est combiné avec le fer, l'alumine et la silice : l'émeraude du Pérou et le rubis spinelle doivent leur couleur à ce métal; il entre dans la composition des *aérolithes*; on ne le trouve pas à l'état de pureté dans la nature.

FIN.

TABLE DES MATIÈRES.

—

LE RÈGNE VÉGÉTAL.

LE RÈGNE MINÉRAL.

FIN DE LA TABLE.

Paris. — Typographie HENNUYER, rue du Boulevard, 7.